C.H.BECK WISSEN
in der Beck'schen Reihe

Afrika war die Wiege der Vor- und Urmenschen; es gibt keinen einzigen Fossilienfund aus irgendeinem Teil der Welt, der dies widerlegen könnte. Daher steht dieser Kontinent im Zentrum der Wissenschaft von den fossilen Menschen, der Paläoanthropologie. Ihre Fachvertreter versuchen, unter häufig schwierigsten Arbeitsbedingungen, die Stammesgeschichte des Menschen zu rekonstruieren. Sie brauchen eine fundierte wissenschaftliche Ausbildung, eine schier unendliche Geduld, um die Reste unserer Vorfahren aufzuspüren und zu bergen, modernste Technik, um sie zu untersuchen, und ein gut ausgebildetes Kombinationsvermögen, um das Puzzle zusammenzusetzen, aus dem sich ein zusammenhängendes Bild unserer eigenen Urgeschichte ergeben soll. Wo und wie Paläoanthropologen arbeiten, welche Erkenntnisse sie bislang gewonnen haben und welche neuen Fragen sich aus den Resultaten ihrer Forschung für den modernen Menschen ergeben, wird in dem vorliegenden Band verständlich und spannend geschildert.

Friedemann Schrenk, geboren 1956, ist Professor und Direktor des Zentrums für interdisziplinäre Afrikaforschung (ZIAF) an der Johann Wolfgang Goethe-Universität, Frankfurt am Main, und Leiter der Sektion Paläoanthropologie des Forschungsinstituts Senckenberg in Frankfurt am Main. Als einer von wenigen deutschen Wissenschaftlern verfolgt er auf Feldforschungen in Afrika die Spuren der Vor- und Frühmenschen. Als Vorsitzender der URAHA-Foundation unterstützt er zudem gezielt Ausbildung und Arbeit afrikanischer Wissenschaftler auf dem Gebiet der Paläoanthropologie, um Pflege und Vermittlung des einzigartigen natürlichen und kulturellen Erbes der Entwicklungsgeschichte des Menschen auf dem afrikanischen Kontinent zu fördern.

Friedemann Schrenk

DIE FRÜHZEIT DES MENSCHEN

Der Weg zum Homo sapiens

Verlag C. H. Beck

Mit zwanzig Abbildungen im Text

1. Auflage. 1997
2., neubearbeitete Auflage. 1998
3., neubearbeitete und ergänzte Auflage. 2001
4., neubearbeitete Auflage. 2003

5., neubearbeitete und ergänzte Auflage. 2008

Originalausgabe

Gesamtherstellung: Druckerei C. H. Beck, Nördlingen
Umschlagentwurf: Uwe Göbel, München
Printed in Germany
ISBN 978 3 406 57703 1

www.beck.de

Inhalt

«Was wir als Anfänge glauben nachweisen zu können,
sind ohnehin schon ganz späte Stadien»
Jacob Burckhardt
(Weltgeschichtliche Betrachtungen, Einleitung)

Vorwort: Grenzen paläoanthropologischer Erkenntnis

Die Paläoanthropologie, die Wissenschaft von den fossilen Menschen, untersucht die Faktoren und Prozesse der Menschwerdung in ihrem räumlichen und zeitlichen historischen Zusammenhang. Weil sich aus den Ergebnissen der beteiligten Wissenschaften aber oft nur Indizien – wenn auch meist gut begründete – für die Evolution des Menschen ergeben, können in der Paläoanthropologie keine Aussagen im Sinne eines Richtig-Falsch-Schemas erwartet werden, sondern lediglich Hypothesen, die wahrscheinlicher sein können als andere.

Die Paläoanthropologie arbeitet mit naturwissenschaftlichen Methoden, ist aber dem Wesen nach historisch ausgerichtet. Die einzigen harten Beweise für die Stammesgeschichte des Menschen sind fossile Überreste, die aber nur äußerst spärlich zur Verfügung stehen. Fossilien tragen außer ihrer stummen Anwesenheit nichts zu ihrer Interpretation bei. Je nachdem, wer sich wann, wo und wie daran versucht, unterscheiden sich die Resultate erheblich: Das jeweilige wissenschaftliche und kulturelle Weltbild des Rekonstrukteurs, ideologische und religiöse Parameter bestimmten und bestimmen weithin das Ergebnis.

Fossilien sind tote Überreste ehemaliger Lebewesen, meist Knochen oder Zähne. Mit ihrer Interpretation beschäftigt sich die Wissenschaft der Paläontologie. Hypothesen zu historischen Vorgängen sind immer im weitesten Sinne Rekonstruktionen. Der geistige Vorgang des Rekonstruierens wird durch Vorbedingungen und Vor-Urteile geführt. Rekonstruktion ist aber auch eine Art Denk-Spiel, bei dem alle Gedanken zunächst zugelassen sind. Welche als Argumente taugen, ergibt sich aus ihrer logischen Abwägung im Vergleich mit anderen Gedanken und bereits bestehenden Argumenten. Diese Modellbildung ist eine Annäherung an den Zustand innerer Logik und Geschlossenheit der jeweiligen Hypothese unter den von uns festgelegten Vorbedingungen.

In der Regel sind Knochen und Zähne überliefert, die als härteste Bestandteile des Organismus oft gut fossilisieren, falls die geologischen Voraussetzungen hierfür überhaupt gegeben sind. Es fehlen alle organischen Bestandteile, also beispielsweise Nervenzellen, Muskeln, Blutgefäße, Organe. Es gibt keine Hinweise auf physiologische Vorgänge. Soziale Verhaltensweisen und Traditionen sind ebensowenig fossilisationsfähig wie Emotionen, etwa Schmerz und Freude, ästhetisches Empfinden oder das Lachen eines Kindes. Auch die Sprache fossilisiert nicht, höchstens anatomische Merkmale der Sprechfähigkeit. Schon allein unter diesen Gesichtspunkten ist der paläontologische Erkenntnishorizont begrenzt und die Evolution des Menschen von der Paläoanthropologie nur unvollständig nachzuzeichnen.

Von einer historischen Wissenschaft, die ohne Urkunden oder überlieferte Objekte mit Inschriften aus historischen Epochen auskommen muß, mehr zu fordern, wäre vermessen. Schon jeder neue Fossilienfund kann aber zu neuen Hypothesen zur Stammesgeschichte des Menschen führen. Daher gibt dieses Buch einen Einblick in die Fragestellungen der modernen Paläoanthropologie und zeigt, wie Hypothesen zur Evolution des Menschen entwickelt und getestet werden können.

Afrika war die Wiege der Vor- und der Urmenschen; es gibt keinen einzigen Fossilienfund aus irgendeinem anderen Teil der Welt, der dies widerlegen könnte. Für *Homo erectus* ist der Ursprung in Afrika belegt, und für die modernen Menschen ist er sehr wahrscheinlich. Daher verdient der afrikanische Kontinent auch die besondere Beachtung, die ihm in diesem Buch zuteil wird.

Wege der Hominiden-Forschung

Die moderne Paläoanthropologie basiert auf der Evolutionstheorie und bewegt sich innerhalb der Grenzen der biologischen und geologischen Wissenschaften. Ihr Arbeitsgebiet reicht von den anatomischen und funktionellen Merkmalen bis zu der dem Menschen eigenen Kulturfähigkeit. Ein Test für die Wahrscheinlichkeit der im Hinblick auf diese Untersuchungsfelder aufgestellten jeweiligen Hypothesen sind die Fossilienfunde, die, wenn auch lückenhaft, es in ihrer Gesamtheit erlauben, die Evolution des Menschen nachzuzeichnen.

Expeditionen in die Vergangenheit: Gelände- und Laborarbeiten

Trotz aller Funde fossiler Menschenreste fehlen im Puzzle der Stammesgeschichte der Hominiden mehr als 99,99 Prozent der Teile, die unsere Herkunftsgeschichte vollständig belegen könnten. Statistisch gesehen, steht zur Rekonstruktion von 100 Generationen nicht mehr als ein fossiles Knochen- oder Zahnfragment zur Verfügung. Die fossilen Funde sind zeitlich und räumlich nicht gleichmäßig verteilt, es gibt gravierende Fundlücken. Diese können nur langsam durch paläoanthropologische Feldforschung geschlossen werden. Die aufwendigen und daher teuren Expeditionen bedürfen gründlicher fachlicher und administrativer Vorbereitungen (zum Beispiel: Einholung der Arbeitserlaubnis im Gastland), die zum Teil mehrere Jahre beanspruchen.

Das Zielgebiet einer geplanten Expedition sollte zumindest drei Voraussetzungen erfüllen: 1. muß damit gerechnet werden können, daß in der interessierenden geologischen Zeitspanne in diesem Gebiet Vor- oder Urmenschen gelebt haben, 2. müssen dort damals Möglichkeiten der Fossilerhaltung vorgelegen haben und 3. müssen die potentiell fossilhaltigen Sedimentgesteine heute oberflächlich freiliegen oder zum Beispiel in Höhlen zugänglich sein.

Die ein- bis mehrmonatigen Geländeaufenthalte sind meist auf die regenfreien Zeiten begrenzt, in weiten Teilen Afrikas sind dies die Monate März bis November. Da die Einrichtung eines Forschungscamps vor allem in unzugänglichen Gebieten oft schwierig und der Dauerbetrieb zu teuer ist, finden die Arbeiten der beteiligten Wissenschaftler, seien es Sedimentologen (untersuchen Beschaffenheit und Bildung der fossilführenden Schichtlagen), Tektoniker (untersuchen die großräumige strukturelle Geologie eines Gebietes), Paläontologen oder Datierungsspezialisten, im Team statt. Dies hat den Vorteil, daß neu dokumentierte Fundstellen sofort im notwendigen Detail analysiert werden können. Die Dokumentation einer Fossilienfundstelle hat vor allem sicherzustellen, daß Funde exakt geographisch, zeitlich und im geologischen Verband lokalisiert werden. Funde ohne entsprechende Fundortangaben sind wissenschaftlich nahezu wertlos.

Die potentiellen Fundgebiete werden häufig nach typischen Erosionserscheinungen in Luftbildern vordefiniert und dann mit Hilfe von Satelliten-Navigationsgeräten in Geländefahrzeugen oder zu Fuß angesteuert. Je nach Vegetationsbedingungen wird die Oberfläche in Teams von bis zu 30 Helfern systematisch Zentimeter für Zentimeter nach Fossilresten abgesucht, die durch die Verwitterung des umgebenden Gesteins freiliegen. *Paläontologische* Grabungen finden statt, wenn die oberflächliche Funddichte sehr hoch ist oder wenn weitere Bruchstücke eines besonders wichtigen Fossils zu erwarten sind. Werden Artefakte (von Menschen geschaffene Gegenstände, zum Beispiel bearbeitete Steine) angetroffen, finden *archäologische* Grabungen statt. Je nach Erhaltungszustand müssen größere Fossilien bereits an der Fundstelle, zum Beispiel durch das Aufbringen einer Gipsmanschette vorläufig konserviert werden. Bei Grabungen wird das fossilführende Sediment mit Wasser aufgeweicht und, in dieser Weise gelöst, durch mehrere Siebgrößen geschlämmt, um Reste von Kleinsäugern und anderen mit bloßem Auge kaum sichtbaren Fossilien sicherzustellen.

Alle geborgenen Stücke werden mit Fundnummern versehen. Die Katalogbezeichnungen geben meist die sammlungsverwaltende Institution und die Fundregion wieder. So bezeichnet zum Beispiel in der Katalognummer KNM-ER 1470 für einen *Homo rudolfensis*-Schädel (Abb. 9) vom Ostufer des Turkana-Sees KNM die Institution *Kenya National Museums*, ER die Fundregion *East Rudolf* (heute East Turkana) und 1470 die laufende Inventarnummer.

Die Präparation der Fossilienfunde erfolgt im Labor. Die umgebenden und manchmal sehr harten Sedimentschichten müssen entfernt und die Reste haltbar gemacht werden. Da alle Fossilien einzigartig sind, werden unmittelbar nach der Präparation Abgüsse erstellt, um die Folgen eines möglichen Verlustes des Originals abzuschwächen.

Die weiteren Untersuchungsmethoden ergeben sich aus dem Zustand des Objektes, aus den Fragestellungen der Bearbeiter und aus den jeweiligen technischen Möglichkeiten. So gehört die Computertomographie (zur Darstellung von im Knochen gelegenen Strukturen, zum Beispiel Zahnwurzeln oder Innenohr) heute zur Standarduntersuchung an Hominiden-Resten. Auch das Rasterelektronenmikroskop kommt häufig zum Einsatz, beispielsweise bei der Untersuchung der Mikroanatomie des Zahnschmelzes. Allerdings ist die Grundlage auch heute noch die detaillierte Vermessung anhand vorgegebener Meßstrecken. Für die bisher bekannten Hominiden-Reste sind allein fast 700 solcher Parameter, wie Längen, Breiten, Flächen, Winkel von anatomischen Strukturen und Proportionen dieser Werte zueinander festgelegt.

Fossilienfundstellen: Geologie und Datierung

Die Entstehung von Fossilienlagerstätten ist an die lokalen geologischen Bedingungen geknüpft. Nur wenn ein Ablagerungsgebiet zur Verfügung steht, in dem dort zerfallende oder antransportierte Skelettreste von Sediment überlagert und so vor der weiteren Verwitterung geschützt werden, kann der Fossilisationsprozeß in Gang kommen. Potentiell gute Sedimentationsgebiete sind große, langsam absinkende Becken, wie sie beispielsweise im ostafrikanischen Grabenbruch (*Afrikanisches Rift*, Abb. 1) durch das Auseinanderdriften der kontinentalen Erdkruste entstehen.

Eine Freilegung fossilführender Schichten kann auch durch den gezielten Abbau umgebenden Gesteins erfolgen. Ziel solcher teuren Operationen sind allerdings nicht die nur wissenschaftlich wertvollen Fossilien, sondern die Gewinnung kommerziell nutzbarer Bodenschätze oder Gesteine. So waren die Hominidenfunde in Südafrika deshalb möglich, weil der in den fossilen Höhlen Transvaals enthaltene Travertin, ein fast reiner Kalkstein, als Baumaterial Verwendung fand. Die primären Höhlen Südafrikas befinden sich in mehr als 2 Milliarden Jahre altem Dolomitgestein. Sie wurden vor wenigen Millionen Jahren zuerst mit unter der Grundwasser-Oberfläche ausfallendem Travertin und später mit Sedimenten und Knochenresten von außen aufgefüllt. Als der Travertin zu Beginn des Jahrhunderts bergmännisch abgebaut wurde, blieb eine heute begehbare Aushöhlung entlang der Grenzen der mit Calcit verfestigten übrigen Höhlenfüllungen zurück.

Nur die Tatsache, daß das Fossilisationspotential im afrikanischen Grabensystem sehr hoch ist und die südafrikanischen Höhlenfüllungen teilweise kommerziell verwertbar waren, ist für die derzeitige Fundlage verantwortlich. Geologische Exploration, vor allem auch in den zahlreichen Höhlen- und Karst-Gebieten Afrikas, ist daher die Grundlage für die weitere Entdeckung neuer Hominiden-Fundstellen.

Die fossilen Reste werden spätestens durch ihre Bergung aus dem ursprünglichen geologischen Zusammenhang entfernt. Allerdings kann dies auch schon vorher durch Umlagerung oder Erosion einer Fundschicht geschehen. Für die zeitliche Einstufung der geborgenen Fossilien muß daher ihre ursprüngliche Lage in der geologischen Schichtfolge (*Stratigraphie*) rekonstruiert werden. Die im Fundgebiet vorliegende Stratigraphie wird anhand geologischer Profile ermittelt und beschreibt den sedi-

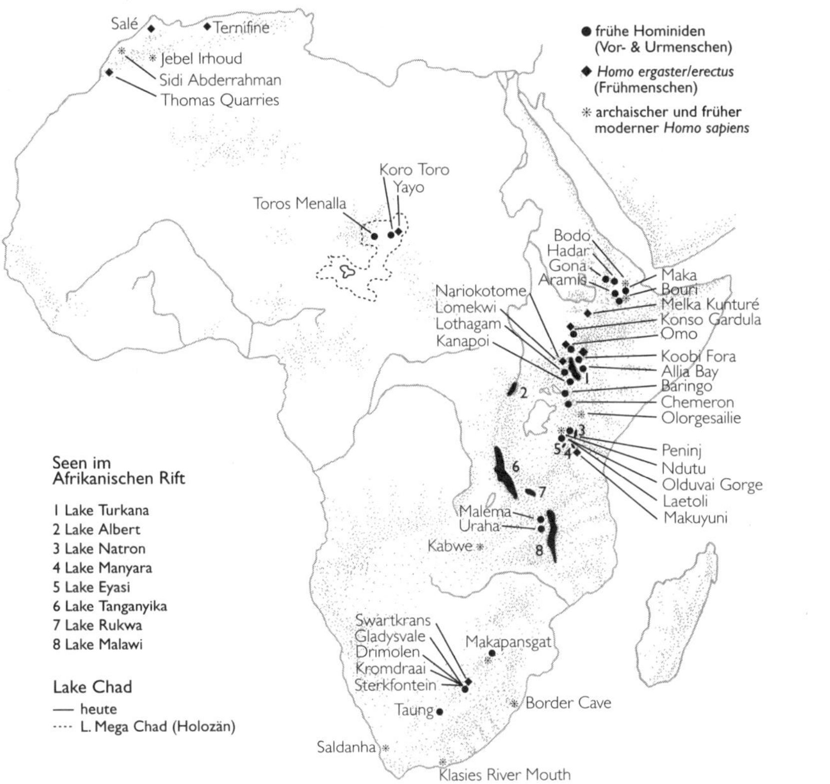

Abb. 1: Wichtige Hominiden-Fundstellen in Afrika

mentologischen Aufbau der geologischen Schichten. Hieraus läßt sich die Beschaffenheit (*Fazies*) des ursprünglichen Ablagerungsraumes durch einen bestimmten Zeitraum hindurch erschließen. Da im Normalfall verschiedene Faziestypen in derselben Schicht nebeneinanderliegen, beispielsweise Flußgerölle in ehemaligen Flußbetten neben Siltsteinen in ehemaligen Überschwemmungsgebieten, wird neben dieser Abfolge der Gesteinsschichten (*Lithostratigraphie*) das Konzept der *Biostratigraphie* angewendet: Durch vergleichbaren Organismeninhalt können lithologisch unterschiedliche Schichten des Fundgebietes zueinander in Beziehung gesetzt werden. Nach ähnlichem Prinzip, aber auf kontinentaler Ebene, werden Vergleiche des Vorkommens von Tierarten (Faunenvergleich) für relative Altersdatierungen benutzt.

Die Benennung der geologischen Muttergesteine der Fossilfundstellen erfolgt nach internationalen Richtlinien meist als geologische Formation mit Untereinheiten, die oft *Unit, Bed* oder *Member* genannt werden. Sind in den Fundschichten die fossilführenden Einheiten durch Aschen- oder Tufflagen ehemaliger Vulkane voneinander getrennt, werden diese als Schichtgrenzen verwendet. Gleichzeitig können die Tuffe nach der von ihnen abgegebenen noch meßbaren Strahlung datiert werden (radiometrische Altersbestimmung) und geben so ein absolutes Mindestalter bzw. Höchstalter für die von der oberen bzw. unteren Tuffschicht umschlossenen, fossilführenden Lage an.

Absolute Altersbestimmungen beruhen darauf, daß radioaktive Isotope, die in kleinen Mengen in allen Stoffen neben den normalen Isotopen vorhanden sind, mit konstanten Raten zerfallen, unabhängig von Feuchtigkeit, Temperatur, Säuregehalt oder anderen äußeren Faktoren. Das am häufigsten verwendete Isotop ist Kohlenstoff 14 (14C), das durch die Sonneneinstrahlung in der oberen Atmosphäre ständig neu gebildet wird. Während so im lebenden Organismus, etwa in Knochen, das Mengenverhältnis des 14C Isotops und der normalen 12C Isotope konstant bleibt, beginnt beim Tod eines Tieres der Zerfall der 14C Isotope in Stickstoff 14 (14N). Nach einer bestimmten Halbwertszeit (bei Kohlenstoff 5370 Jahre) ist nur noch die Hälfte der ursprünglichen 14C Menge vorhanden. Durch exakte Messung des Mengenverhältnisses in einem fossilen Knochen kann so das Alter des Fragments bestimmt werden, in der Praxis bis auf ± 20 Jahre genau. Wegen der geringen Halbwertszeit können Funde, die älter sind als ca. 50000 Jahre, mit 14C nicht datiert werden. In der Paläoanthropologie kommt daher dem Isotop Kalium 40 mit einer Halbwertszeit von ca. 1,3 Milliarden Jahren eine besondere Bedeutung zu. Da es nicht in Knochen, sondern in vulkanischen Produkten vorkommt, können damit aber nicht die Funde selbst, sondern die in der Fundstelle darunter- und darüberliegenden Gesteinslagen vulkanischen Ursprungs datiert werden.

Steht datierungsfähiges Material nicht zur Verfügung, werden relative Datierungsmethoden angewandt. Die Faunendatierung kommt dann in Betracht, wenn Fossilien gefunden werden, die einer sich rasch verändernden Tiergruppe angehören. In Afrika sind dies vor allem Schweine (*Suiden*). Deren dritte Backenzähne (*Molaren*) werden als Leitfossilien benutzt. Während diese Zähne vor ca. 5 Millionen Jahren noch generell breit und niederkronig waren, entwickelten sich in den verschiedenen Linien schmale hochkronige Zähne, deren jeweiliger Entwicklungsgrad sich relativ gut durch einfache Meßmethoden darstellen läßt. Ist eine darauf begründete Biostratigraphie in einer Fundregion mit absoluten Altersdaten aus der radiometrischen Datierung umgebender Sedimente verknüpft, liefert sie auch für weiter entfernt liegende Fundregionen, in denen datierbare Sedimente fehlen, ungefähre Altersangaben, wenn die dort gefundenen Fossilien in die Biostratigraphie einfügbar sind.

Eine global anwendbare Datierungsmethode ist die Messung der magnetischen Polarität der in vielen Sedimenten enthaltenen Eisenpartikel. Ihre Richtungseinregelung entspricht der Ausrichtung des Erdmagnetfeldes zur Zeit der Sedimentablagerung. Da dieses im Laufe der Erdgeschichte häufig wechselte, konnte eine Magnetostratigraphie erarbeitet werden, die weltweit dieselben charakteristischen Zyklen aufweist. Eine örtliche Magnetostratigraphie paßt mit hoher Wahrscheinlichkeit nur in einen spezifischen Abschnitt der weltweiten Skala und trägt so zur Eingrenzung des Alters der untersuchten Schichten bei.

Die ältesten Gesteine der Erde sind weit über 3 Milliarden Jahre alt. Vor allem in Afrika sind sie weit verbreitet. Seit ca. 550 Millionen Jahren, dem Beginn des Erdaltertums (*Paläozoikum*) sind erhaltungsfähige Hartteile von Lebewesen bekannt, die ersten Fossilien. Landorganismen entstehen vor ca. 480 Millionen Jahren, erste Amphibien vor ca. 380 Millionen Jahren und erste Reptilien vor ca. 340 Millionen Jahren. Im Erdmittelalter (*Mesozoikum*) mit den Abschnitten *Trias* (251–200 Millionen Jahre), *Jura* (200–146 Millionen Jahre) und *Kreide* (146–65,5 Millionen Jahre) werden die Dinosaurier die beherrschenden Landlebewesen. Die Erdneuzeit (*Neozoikum*) beginnt vor ca. 65,5 Millionen Jahren mit dem großen Abschnitt des *Tertiär*, gefolgt vom *Quartär*:

Zeitalter	Zeitalter	Alter und Dauer
QUARTÄR	Holozän	11 800 Jahre bis heute
	Pleistozän	1,8–0,0118 Millionen Jahre
TERTIÄR	Pliozän	5–1,8 Millionen Jahre
	Miozän	23–5 Millionen Jahre
	Oligozän	34–23 Millionen Jahre
	Eozän	59–34 Millionen Jahre
	Paleozän	65,5–59 Millionen Jahre

Im Pleistozän herrschten in Europa mehrere Eiszeiten. Deren Auswirkungen waren in Afrika weniger drastisch als in Europa, die heutige afrikanische Tierwelt unterscheidet sich wenig von der des *Pliozän*. In Afrika spricht man daher meist von einem einheitlichen *Plio-Pleistozän*. Die ersten Vormenschen entstanden am Ende des *Miozän*. Das Alter der afrikanischen Hominiden-Fundstellen (Abb. 1) liegt zwischen ca. 7 Millionen Jahren und heute.

Vom lebenden Organismus zum Fossil

Die in wissenschaftlichen Sammlungen verfügbaren fossilen Tier- und Pflanzenreste wurden durch vielfältige Zerfalls- und Einbettungsprozesse seit dem Tod des ehemaligen Lebewesens verändert. Diese Vorgänge untersucht die *Taphonomie*, die Wissenschaft von der Einbettung und Fossilwerdung von Organismen. Die taphonomische Entwicklung verläuft über mehrere Stufen vom lebenden Tier über den Zerfall der Skelettreste, deren Einbettung und Fossilwerdung bis zur Bergung und Präparation des Fossilmaterials.

Der Verlauf der taphonomischen Prozesse wird von den jeweils herrschenden biologischen, geologischen und chemischphysikalischen Bedingungen bestimmt. Taphonomische Prozesse verfälschen so das Bild der ursprünglichen Lebensgemeinschaft und sind verantwortlich für entsprechende Effekte auf dem Knochenmaterial. Ursachen hierfür waren Auswirkungen der ehemaligen Umwelt, des Klimas, des Knochentransports, der Ablagerung und Einbettung, der *Diagenese*, der Fossilbergung und Präparation und weiterer biologischer und nicht-biologischer Faktoren. Kontinuierlich geht also ein gewisser Anteil an Knochenmaterial verloren. Gleichzeitig werden aber auch neue und teilweise überlagernde Informationen gespeichert, etwa Zahnmarken von Tieren, Abrasionsspuren durch Transport oder auch Schnittmarken von Steinwerkzeugen auf Antilopenknochen etc. Um diese Spuren zu interpretieren, werden Experimente mit modernen Knochen durchgeführt, um so die Prozesse zu rekonstruieren, die zu taphonomischen Effekten führen, die mit den an den Fossilien beobachteten Spuren übereinstimmen.

Taphonomische Untersuchungen wurden beispielsweise zur Entschlüsselung der Entstehungsgeschichte der versteinerten Knochenlager (*Höhlenbrekkzien*) angewandt, aus denen im südlichen Afrika die meisten der Vor- und Urmenschenfunde stammen.

Paläontologie und Paläoökologie

Ein charakteristisches Merkmal des heute weltweit verbreiteten *Homo sapiens* ist die Fähigkeit, im Widerspruch zum ökologischen Gesamtzusammenhang existieren zu können. Dies ist vor allem auf vielfältige technische Hilfsmittel zurückzuführen, deren erste Ursprünge den Übergang von den Vormenschen der Gattung *Australopithecus* zu den Urmenschen der Gattung *Homo* markieren. Davor waren die Hominiden als Teil eines jeweiligen Ökosystems mit allen Konsequenzen der gegenseitigen Abhängigkeit von Klima, Vegetation und Fauna in dieses eingebunden. Die Paläoökologie untersucht diese Wechselbeziehungen von Pflanzen und Tieren vergangener Erdzeitalter. Im Vordergrund steht die Charakterisierung und Rekonstruktion der ehemaligen Lebensräume (Habitate).

Bei paläoanthropologischen Projekten werden durch Aufsammlungen und Grabungen in den allermeisten Fällen keine Hominidenreste geborgen, sondern Fragmente der ehemaligen Fauna des Gebietes. Ungefähr die Hälfte des Fundgutes an Wirbeltierfossilien von afrikanischen Fundstellen sind Antilopenreste, an zweiter Stelle stehen Pferde, gefolgt von Elefanten, Schweinen, Flußpferden und Krokodilen. Bei den großen Säugern sind *Carnivoren* (Fleischfresser) und Primatenfunde sehr selten, wie dies weitgehend der ursprünglichen Zusammensetzung der Fauna entsprechen dürfte. Da Vor- und Urmenschen zahlenmäßig nur sehr gering vertreten waren, werden aber auch ihre Reste nur selten gefunden.

Alle geborgenen Fossilien werden möglichst genau bis auf Gattungs- oder Artniveau bestimmt. Während in Afrika die Reste von Schweinen sehr gut zur relativen Datierung einer Fundstelle beitragen (S. 15), sind Antilopen-Fossilien hilfreich bei der Rekonstruktion des ursprünglichen Lebensraumes. Im Gegensatz zur fossilen *Totengemeinschaft*, deren Zustandekommen durch die taphonomische Analyse geklärt wird (S. 16), interessiert bei paläoökologischen Rekonstruktionen die Zusammensetzung der ehemaligen *Lebensgemeinschaft*. Je ähnlicher die heute lebenden Verwandten den fossilen Tieren sind, desto genauer kann deren ehemaliger bevorzugter Lebensraum bestimmt werden.

Zunehmend setzt sich in der Paläoanthropologie die Erkenntnis durch, daß wichtige Fragen zur Evolution des Menschen allein aufgrund der Rekonstruktion und Einordnung von immer mehr Hominiden-Einzelfunden nicht zu beantworten sind. Vielmehr geht es heute um das Gesamtbild und den ökologischen Rahmen, in dem Erklärungen gesucht werden für das Entstehen und das Aussterben mehrerer Hominidenarten und das alleinige Überleben von *Homo sapiens*. Von besonderer Bedeutung sind hierbei multidisziplinäre Forschungsansätze zur Evolutionsökologie des Menschen und seiner Ausbreitungsgeschichte in Abhängigkeit von Klima- und Lebensraumveränderungen. Vor allem der afrikanische Kontinent bietet hierfür gute Voraussetzungen. So ist beispielsweise das Ziel des deutsch-amerikanischen

Hominiden-Korridor-Projektes (HCRP) die Erforschung der Geologie und Paläontologie des Malawi-Rifts als geographisches Bindeglied zwischen den gut bekannten Hominiden-Fundstellen des südlichen und des östlichen Afrika (Abb. 1). Dadurch wird es möglich, Kontinuität oder ökologische Unterschiede im afrikanischen Pliozän zu erklären. Für die paläontologische Forschung bietet Afrika also die Chance, eine Grundlage für ein ganzheitlich-panafrikanisches, durch zeitliche, evolutive und räumliche Kontinuität geprägtes Modell liefern zu können, das Biogeographie, Klima-, Habitat- und Faunenentwicklung während der ersten Phasen der Menschheitsgeschichte einschließt.

Klassifikation und stammesgeschichtliche Rekonstruktion der Hominiden

Fossilien sind ein Teil der belebten Natur, der Bestandteil der unbelebten Natur geworden ist. Die Form der überlieferten Reste ist kein Zufallsprodukt, sondern spiegelt bestimmte Funktionen des ehemals lebenden Organismus wider. Form und Funktion sind in der Natur untrennbar miteinander verknüpft. In der Technik kennzeichnet die Kombination aus funktionalen Systemen eine Maschine. Anders als Maschinen müssen Organismen jedoch wachsen und sich fortpflanzen, ohne daß dabei Funktionsstörungen auftreten. Das reibungslose Zusammenwirken aller Funktionsgefüge eines Organismus muß zu jedem Zeitpunkt des Lebens gewährleistet sein. Dies gilt nicht nur während des Wachstums eines Individuums von der befruchteten Eizelle bis zum Tod (*Ontogenese*), sondern auch in der Stammesgeschichte (*Evolution*), die als Aneinanderreihung vieler Ontogenesen aufzufassen ist. Daher ist davon auszugehen, daß in der Geschichte der Organismen keine Sprünge auftraten. Evolutionäre Entwicklung ist vielmehr der kontinuierliche Wandel funktionierender Konstruktionen.

Da organismische Konstruktionen meist mehrere Funktionen ermöglichen, kann durch deren Analyse nur die Grenze des konstruktiv Möglichen aufgezeigt werden. Ein Organismus ist mehr als die Summe seiner Teile. Daher sind manche organismische Funktionen nur in einem größeren Zusammenhang oder auf höherer hierarchischer Ebene sinnvoll zu erklären. So besteht beispielsweise der Funktionskomplex Kauapparat aus den Elementen Zähne, Kiefer, Kaumuskulatur usw. Die wichtigsten Aspekte menschlicher Lebensweise, die in der Paläoanthropologie durch Fossilienfunde konstruktiv und funktionell erschlossen werden können, sind Fortbewegung, Nahrungsaufnahme und Handfunktion sowie oft auch Gehirnentwicklung und Sprechfähigkeit.

Anatomische Merkmale der fossilen Funde werden mit denen des heutigen Menschen verglichen und so interpretierbar. Zwei im letzten Jahrhundert formulierte Prinzipien der Paläontologie liegen als notwendige Hilfsannahmen allen rekonstruierenden Hypothesen zugrunde: Das *Aktualismus-Prinzip* besagt, daß physikalische und chemische Gesetzmäßigkeiten, beispielsweise die Schwerkraft, durch alle Zeiten Gültigkeit besitzen. Das *Korrelationsprinzip* unterstellt die weitgehende, jedoch nicht automatische Vergleichbarkeit heutiger und historischer Prozesse. Es ist mit dieser Methode – sehr verkürzt – möglich, auch aus kleinsten fragmentarischen Resten, beispielsweise aus dem Aufbau des Zahnschmelzes, auf Ernährungsgewohnheiten zu schließen. Aus der Konstruktion des Beckens oder dem Bau des Oberschenkels sind Rückschlüsse auf die Art der Fortbewegung möglich.

Als Hilfsmittel zur Klassifizierung von Organismen dient die biologische Systematik. Voraussetzung hierfür ist die Beschreibung und Abgrenzung biologischer Arten. Im Idealfall wird eine Art dabei durch charakteristische, zum Beispiel anatomische Merkmale definiert, die mit entsprechenden Merkmalen einer anderen Art verglichen werden können. Das Spezialgebiet der *phylogenetischen Systematik* wertet diese Merkmale als entweder «ursprünglich» oder «spezialisiert» in bezug auf andere systematische Gruppen und erhellt dadurch die komplizierten Verwandtschaftsbeziehungen zwischen Gattungen und Familien oder die Aufspaltung von Arten etc. Hierbei wird allerdings der Faktor Zeit, zweifellos eine Grundvoraussetzung für die Evolution, nur als relative Größe berücksichtigt.

Die Zeit als absolute Größe im Evolutionsgeschehen wird einerseits durch das geologische Alter der Fossilien (S. 14), andererseits durch die sogenannte «molekulare Uhr» ermittelt. Eine Vielzahl von Untersuchungen in zahlreichen Labors überall auf der Welt belegen, daß sich gleiche Proteine im Laufe der Evolution immer mit der gleichen – für sie charakteristischen – Geschwindigkeit verändern, unabhängig davon, ob sie Bestandteil einer Maus oder eines Elefanten sind. Durch Ähnlichkeitsvergleiche zwischen den die Proteine aufbauenden Aminosäuren kann daher die Zeit seit der evolutiven Trennung zweier Gruppen absolut ermittelt werden. Danach hat der letzte gemeinsame Vorfahre von heutigen Schimpansen und heutigen Menschen vor ungefähr 7 Millionen Jahren gelebt, bei einer Übereinstimmung der Schimpansen-DNS mit der des Menschen von immerhin ca. 98 Prozent.

In den für die Paläoanthropologie immer wichtiger werdenden *molekulargenetischen Studien* wird versucht, aus Unterschieden in DNS-Sequenzen heute lebender Menschen Rückschlüsse auf die Menschheitsgeschichte zu ziehen. Unser Genom besteht aus rund drei Milliarden Nukleotiden, die uns von unseren Vorfahren vererbt wurden. In jeder Generation werden einige durch Mutationen in der männlichen und weiblichen Keimbahn verändert, so daß nachfolgende Generationen leicht veränderte Versionen der ursprünglichen Genome erhalten. Je nachdem, ob menschliche Populationen gewachsen, geschrumpft oder gewandert sind, sich aufgeteilt und/oder Individuen ausgetauscht haben, sammeln sich diese Mutationen in charakteristischer Weise im Genpool an. Wenn man also die Varianten von DNS-Sequenzen in genügend heute lebenden Menschen ermittelt, ist die genetische Geschichte des Menschen im Prinzip zu bestimmen. Studien «fossiler» DNS sind dagegen aufgrund ihres schlechten Erhaltungszustandes recht schwierig. Jedoch gelang es, die Nukleotid-Abfolge aus den circa 60 000 Jahre alten Originalknochen des Neandertalers zu bestimmen (S. 111).

Mit Fragen der biologischen Systematik beschäftigt sich das Spezialgebiet der *Taxonomie*. Oft geht es hierbei aber mehr um Bezeichnungen als um Beziehungen. So wurden die ersten Funde von Vormenschen (Australopithecinen) in Südafrika fast alle mit eigenen Art- und sogar Gattungsnamen bedacht. Bei den Urmenschen und den fossilen Menschen herrschte lange Zeit eine noch stärkere Namensvielfalt. Erst zunehmende Fossilienfunde verhalfen zu der Erkenntnis, daß es sich bei den beobachteten Merkmalsunterschieden der späteren Hominiden lediglich um Variabilitäten innerhalb zweier Gattungen handelt, *Australopithecus* und *Homo*:

	Australopithecus (ca 4,5–1 Mio. J.)	*Homo* (seit 2,5 Mio. J.)
Gehirngröße	vergleichbar mit Menschenaffen	stark zunehmend
Werkzeugkultur	keine	vorhanden
Nahrungsverarbeitung	auf Backenzähne angewiesen	Backenzähne verlieren an Bedeutung

Durch paläoanthropologische Forschung wurden die Wurzeln des Hominidenstammbaums, vor 1960 bis höchstens 1 Million Jahre zurückreichend, in immer ältere geologische Zeiten zurückverfolgt: in den sechziger Jahren mit den Funden aus Olduvai Gorge, Tansania, bis ca. 2 Millionen Jahre, in den siebziger Jahren durch Arbeiten in Kenia und Äthiopien bis ca. 3 Millionen Jahre und in letzter Zeit durch neue Funde aus Äthiopien, Kenia und dem Tschad bis über 6 Millionen Jahre.

Der Ursprung der Hominiden

Von Halbaffen, Affen und Menschenaffen: Evolution der Primaten

Die Säugetiere entstanden etwa zur gleichen Zeit wie die Dinosaurier, also vor ungefähr 240 Millionen Jahren. Während die Evolution im 200 Millionen Jahre währenden «Zeitalter der Reptilien» 20 neue zoologische Ordnungen hervorbrachte, entstanden im sehr viel kürzeren «Zeitalter der Säugetiere» der letzten 65 Millionen Jahre immerhin 35 Säugetier-Ordnungen. Dies mag auf die nach dem Aufbrechen und Auseinanderdriften der großen Landmassen stärkere Fragmentierung der Lebensräume und der Klimaunterschiede zurückzuführen sein. Eine der 18 lebenden Säugetierordnungen ist die Ordnung der Primaten. Sie wird untergliedert in die *Prosimii* und die *Anthropoidea*. Zu den *Prosimii* gehören die frühen fossilen Primaten und die heute lebenden Halbaffen (Tarsier, Lemuren, Loris und Galagos); zu den anthropoiden Primaten zählen die Alt- und die Neuweltaffen, die Menschenaffen und der Mensch.

Der Stamm der Primaten reicht zurück bis in die Kreidezeit vor über 80 Millionen Jahren. Enge verwandtschaftliche Beziehungen bestehen zu der ursprünglichen Säugetiergruppe der Insektenfresser (*Insectivora*). Eine erste Entwicklungsphase der Primaten fand im *Paleozän* (65,5–59 Millionen Jahre) in Nordamerika und Europa statt, damals noch ein gemeinsamer Kontinent, der durch ein Meer von den südlichen Kontinenten getrennt war. Weder aus Südamerika noch aus Afrika oder anderen Südkontinenten sind Funde bekannt. Die Fossilien der frühen primatenähnlichen Plesiadapiden zeigen noch kaum anatomische Merkmale, die heute zur Unterscheidung der Primaten von anderen Säugetieren benutzt werden. Die Plesiadapiden sind in der Gebißkonstruktion vielleicht eher vergleichbar mit heutigen Nagetieren. Sie besaßen große Schneidezähne mit großem Abstand zu den Backenzähnen, haben noch Krallen und im Schädel ist die Augenöffnung von der Kaumuskulatur noch nicht mit einer Knochenspange abgetrennt.

Spätestens aus dem *Eozän* (59–34 Millionen Jahre) sind jedoch echte Primaten bekannt. Aus dem Ölschiefer der Grube Messel bei Darmstadt stammen ca. 47,5 Millionen Jahre alte Primatenreste. Gegenüber den früheren Formen läßt sich anhand von Fossilien eine zunehmende Ausrichtung der Augen nach vorn, mit knöcherner Abgrenzung der Augenöffnung nach hinten, eine Verkürzung der Schnauze, eine Vergrößerung des Gehirns und die Ausbildung von Fingernägeln nachweisen. So reflektieren die eozänen Primaten im wesentlichen die Unterschiede, die heute lebende Primaten von den übrigen Säugetieren trennen. Als Baumbewohner sind sie gute Kletterer, ihre Hände und Füße sind zum Greifen geeignet. Die sich ausbreitenden neuen Waldtypen mit blüten- und fruchttragenden Bäumen sorgten für ein reichhaltiges Nahrungsangebot, durch die damit verbundene starke Zunahme von Pollen auch an Insekten. Die frühen Primaten ernährten sich als Allesfresser, waren flinke Insektenjäger, besaßen gute Augen, ein leistungsfähiges Gehirn und die Tendenz zu sozialem Verhalten.

Die heutigen Halbaffen geben einen Eindruck von der Vielfalt der frühen Primaten. Die meisten der heute lebenden Halbaffen sind kleine nachtaktive Tiere, oft leben sie einzelgängerisch und ernähren sich überwiegend von Insekten. Der Geruchssinn spielt eine Rolle bei Nahrungssuche und Individual-Erkennung. Die Bildung stabiler sozialer Gruppen ist selten. Während die nur 150g schweren Tarsier meist paarweise leben und «Einzelkinder» aufziehen, bilden die katzengroßen Lemuren Gruppen von über zwanzig Mitgliedern.

Die Wurzel der höheren Primaten, der *Anthropoidea*, reicht nach paläontologischen Befunden mindestens bis in das Eozän zurück. Nach molekulargenetischen Untersuchungen sind sie von den Halbaffen sogar schon seit mehr als 70 Millionen Jahren getrennt. Im Gegensatz zu der schräg nach vorn außen gerichteten Stellung der Augen bei den Halbaffen ist bei den *Anthropoidea* ein volles stereoskopisches Sehen möglich, das Sehzentrum im Gehirn ist vergrößert. Beide Augen sind nach vorn ausgerichtet und liegen geschützt in rückwärtig geschlossenen Augenhöhlen. Die Riechwahrnehmung ist für sie von viel geringerer Bedeutung als für die Halbaffen. Die Anzahl der Schneidezähne ist von 12 auf 8 reduziert. Während sie bei den *Prosimii* noch vielfach kammförmig angeordnet und dem Insektensammeln dienlich sind, fungieren die Schneidezähne der Anthropoiden zum Abbeißen, die breiten Backenzähne zum Kauen. Die Nahrung wird mit den Händen festgehalten. Während die Halbaffen scheue Insektenfresser sind, leben die Anthropoiden tagaktiv und ernähren sich vermehrt von Früchten. Der größere Körperbau ermöglicht eine effektivere Thermoregulation, ein größeres Gehirn steigert das Lernvermögen. Die *Anthropoidea* leben in größeren sozialen Gruppen, deren Mitglieder untereinander kommunizieren.

Im *Oligozän* (34–23 Millionen Jahre) finden sich fossile Beweise für eine erste Entwicklungsphase der anthropoiden Primaten hauptsächlich in Nordafrika und in Südamerika. Afrika war im *Oligozän* eine Insel, getrennt von Europa, aber verbunden mit Arabien. Eine berühmte Fundlokalität ist Fayum in Ägypten, ca. 100 km südwestlich von Kairo. Eine Expedition des *American Museum of Natural History*, New York, entdeckte in den Schichten eines ehemaligen Flußdeltas bereits 1906 Primatenfossilien, die zwischen 35 und 25 Millionen Jahre alt sind. In den sechziger Jahren kamen weitere Funde hinzu, so daß jetzt mindestens fünf Primatengattungen aus Fayum bekannt sind. Die Fayum-Primaten stehen wahrscheinlich der gemeinsamen Ursprungsgruppe von Altweltaffen und Menschenaffen noch sehr nahe.

In der alten Welt entwickelten sich die Altweltaffen sehr erfolgreich und sind heute, vom Menschen abgesehen, die zahlenmäßig größte Primatengruppe. Sie kommen in einer Vielzahl von Lebensräumen vor, vom tropischen Regenwald über die Savanne bis in die hohen Berge und sogar in Schneegebieten. Seit ungefähr 15 Millionen Jahren sind zwei Hauptgruppen mit unterschiedlichen Ernährungsgewohnheiten zu unterscheiden. Zur ersten Gruppe, den blätterfressenden Affen, gehören die Languren Asiens und die Colobus-Affen Afrikas. Zur zweiten Gruppe, hauptsächlich Fruchtfressern, zählen Meerkatzen, Paviane, Mandrills und Makaken.

Menschenaffen des Miozän

Zwar sind die Altweltaffen von den Menschenaffen seit etwa 20 Millionen Jahren stammesgeschichtlich getrennt, doch entstanden die modernen Menschenaffen erst vor ungefähr 14 Millionen Jahren. Heute sind sie in Asien verbreitet (Gibbons, Siamangs und Orang-Utans) und in Afrika (Schimpansen, Zwergschimpansen und Gorillas).

Die Unterschiede der Menschenaffen zu den Altweltaffen werden vor allem im Gebiß, in der Fortbewegung und der Skelettanatomie deutlich. Die Nahrungsquellen sind ähnlich, auch die Menschenaffen bevorzugen Früchte und Blätter. Jedoch unterscheidet sich die Art der Nahrungsaufnahme deutlich. Während sich die leichten Altweltaffen auf den Zweigen mühelos bewegen und sich die Nahrung greifen, hängen die schweren Menschenaffen an den Zweigen oder sitzen auf ihnen, um sich in stabiler Lage die Nahrung zu angeln. Zur Fortbewegung hangeln sie sich oft unter den Ästen entlang. Diese Art der Fortbewegung und der Ernährung wird oft als *Brachiation* (Armtechnik) bezeichnet. Anatomisch äußert sich dies in einem gedrungenen Körper, dem im Gegensatz zu den Altweltaffen der Schwanz fehlt. Allerdings sind die Arme der Menschenaffen besonders lang, im Ellenbogengelenk streckbar und im Unterarm mehr als 180 Grad drehbar. Im Gebiß zeigen sich ebenfalls deutliche Unterschiede, wodurch Zahnfragmente von Altweltaffen und Menschenaffen auch von Laien leicht zu bestimmen sind: Die unteren Backenzähne aller Menschenaffen weisen, wie beim Menschen, fünf Höcker auf, die Furchen dazwischen bilden die Form eines Y («Y-Muster»). Dagegen tragen die Backenzähne der Altweltaffen nur vier Höcker, von denen jeweils zwei durch Stege verbunden sind.

Im frühen *Miozän* (23–16 Millionen Jahre) existierten in Ost- und Nord-Afrika eine Vielzahl verschiedener Affen- und Menschenaffenarten. Zu den fossilen Menschenaffen dieser Zeit gehört die Gattung *Proconsul*, von der zahlreiche fossile Reste sowohl des Skeletts als auch des Schädels in Kenia gefunden wurden. Diese großen Menschenaffen gehören zu den sogenannten Dryopithecinen, die später auch in Europa auftauchen, stehen aber dem Ursprung der modernen Menschenaffen eher fern. Verschiedentlich wurden die Ramapithecinen mit dem Ursprung der Hominiden, also der zum Menschen führenden Stammeslinie, in Verbindung gebracht. Nach vielen neuen Funden der letzten Jahrzehnte scheint es jedoch wahrscheinlicher, sie als indirekte Vorfahren der Orang-Utans anzusehen.

Im Jahr 2004 brachte ein überraschender Fund aus Katalonien schlagartig völlig neue Erkenntnisse über den Ursprung der Menschenaffen: *Pierolapithecus catalaunicus* aus dem Mittel-*Miozän* (16–11 Millionen Jahre) besitzt gerade Finger- und Zehenknochen sowie äußerst robuste Lendenwirbel. Folglich zeichnet vor allem die Fähigkeit zur Aufrichtung des Körpers alle Menschenaffen und die Vorfahren der Hominiden aus. Hingegen ist die hangelnde Fortbewegung wahrscheinlich sekundär und mehrmals unabhängig voneinander entstanden. Daher ist es wahrscheinlich, dass unsere eigenen Vorfahren nie vor allem «auf den Bäumen» gelebt haben, sondern Vierbeiner waren, die zwar auch klettern aber vor allem eines konnten: sich aufrichten, also wahrscheinlich sitzen und auch kurzzeitig stehen.

Zwar war das Ursprungsgebiet der Menschenaffen Afrika, dennoch gibt es dort mangels geeigneter geologischer Strukturen kaum fossile Menschenaffen. Nach ihrer Ausbreitung nach Asien und Europa – vor allem aufgrund neuer Landverbindungen zwischen Afrika und Europa – vor spätestens 14 Millionen Jahren existierten Menschenaffen, in Europa bis vor 10 Millionen, in Asien bis vor 7 Millionen Jahren. Ihr Aussterben hat wahrscheinlich mit klimatischen Änderungen ebenso zu tun wie mit der gleichzeitigen starken Ausbreitung ihrer Nahrungskonkurrenten, der Altweltaffen.

Nach molekulargenetischen Untersuchungen fand die Abspaltung der zum Menschen führenden Linien von den Menschenaffen vor etwa 8 bis 7 Millionen Jahren statt. Bis zum Ende des

20. Jahrhunderts gab es jedoch kaum paläoanthropologische Belege aus dieser Zeit des vielgesuchten *missing links*.

Die ältesten Hominiden

In die dunklen Tiefen des Stammbaums der Menschen fiel Ende 2000 ein erster Lichtstrahl, als in sechs Millionen Jahre alten Schichten Kenias der «Millenium-Mensch» (*Orrorin tugenensis*) entdeckt wurde. Das Team von Martin Pickford und Brigitte Senut fanden im Baringo-Distrikt Zentral-Kenias mehrere Knochen- und Kieferreste. Die Oberschenkelknochen zeigen, daß der aufrechte Gang bereits begonnen hatte sich zu entwickeln. Der Bezahnung nach handelte es sich um schimpansenähnliche Wesen.

Kurz darauf kamen in Äthiopien bis 5,8 Millionen Jahre alte Funde von *Ardipithecus kadabba* zum Vorschein. Schon seit 1992 wurden vom Middle Awash Research Project unter Leitung von Tim White, Berhane Asfaw und Gen Suwa bei Aramis in Äthiopien (Abb. 1) zahlreiche Schädel-, Kiefer- und Skelettfragmente entdeckt, die ca. 4,4 Millionen Jahre alt sind. Obwohl die Funde anfänglich als *Australopithecus* beschrieben wurden, hielten die beteiligten Wissenschaftler nach weiteren höchst spektakulären Funden 1994, unter anderem einem fast vollständigen Skelett, die Unterschiede für so groß, daß sie in ihnen den Vertreter einer neuen Hominiden-Gattung erkannten und sie als *Ardipithecus ramidus* beschrieben. Der Name *Ardipithecus* bedeutet «Bodenaffe» in der lokalen Afar-Sprache, *ramidus* bedeutet Wurzel.

Von den Menschenaffen unterscheidet sich *Ardipithecus* vor allem durch relativ kleine Eckzähne und weniger scharfkantige Vorbackenzähne (Prämolaren). Auch die tiefere Lage der Austrittsstelle des Rückenmarks, des *Foramen magnum*, ein Hinweis für den aufrechten Gang, deutet an, daß diese Hominiden bereits auf der Hominiden-Linie anzusiedeln sind. Die Hauptunterschiede zu *Australopithecus* sind die relativ kleinen und wenig kompliziert gebauten Backenzähne mit recht dünnem Zahnschmelz und die menschenaffenähnlichen Vorbackenzähne.

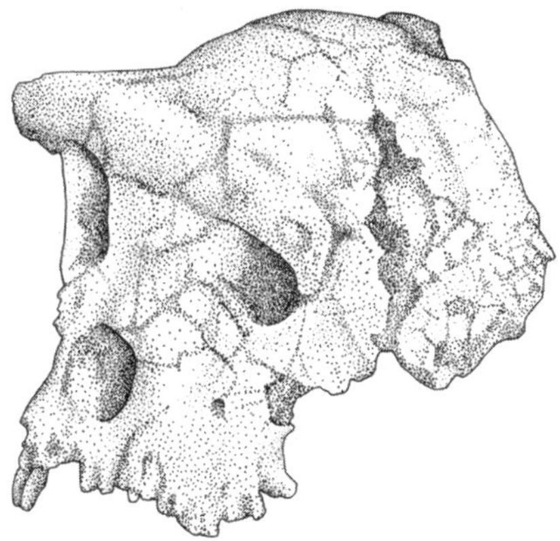

Abb. 2: *Sahelanthropus tchadensis*, Schädelfund aus Toros Menalla, Tschad, Alter ca. 7–6 Millionen Jahre

Diese Belege aus der Ursprungsphase der Vormenschen bekamen 2002 spektakulären Zuwachs: Michel Brunet von der Universität Poitiers und sein Team der Mission Paléoanthropologique Franco Tchadienne (MPFT) entdeckten die ca. 6 bis 7 Millionen Jahre alten Reste des *Sahelanthropus tchadensis* (Abb. 2). So bevölkerte sich zusammen mit dem neuen Fund aus dem Tschad der Zeitraum zwischen 7 und 5 Millionen Jahren, der bis zum Ende des 20. Jahrhunderts hoffnungslos leer erschien, mit drei verschiedenen Hominiden-Gattungen.

Die Fundlage an der Peripherie des tropischen Regenwaldes stellt sich damit folgendermaßen dar (vgl. Abb. 1):

nordwestliche Peripherie des tropischen Regenwaldes:
Sahelanthropus tchadensis (6–7 Mio. Jahre): Toros-Menalla (Tschad) (Abb. 2)

nordöstliche Peripherie:
Ardipithecus kadabba (5,2–5,8 Mio. Jahre): Middle Awash/Aramis (Äthiopien)

östliche Peripherie:
Orrorin tugenensis (6 Mio. Jahre): Baringo/Lukeino (Kenia)

Bereits vor 30 Millionen Jahren lebten die ersten Menschenaffen in den Regenwäldern des tropischen Afrika. In Afrika war aber die geographische Verbreitung der ursprünglichen Populationen der afrikanischen Menschenaffen solange relativ stabil, bis im Mittel-Miozän eine weltweite Klima-Abkühlung zu einschneidenden Umweltveränderungen führte. Seit etwa 10 Millionen Jahren wurden in Afrika die Jahreszeiten zunehmend ausgeprägter, charakterisiert in den tropischen Bereichen durch saisonale Trocken- und Regenzeiten. Diese klimatischen Bedingungen im Zusammenhang mit den Auswirkungen der Entwicklung des afrikanischen Grabens (Afrikanisches Rift) führten zur starken Abnahme der Waldgebiete, und vor ca. 8 Millionen Jahren zum Entstehen von Baumsavannen. Als die Trockenheit im ausgehenden *Miozän* weiter zunahm, fanden sich einige Menschenaffen-Populationen an der Peripherie des tropischen Regenwaldes wieder.

Hier fand die Trennung der Menschenaffen und der Hominiden statt. Diese «Uferzonen-Habitate» waren das ideale Entstehungsgebiet für den aufrechten Gang. Die sogenannte «Ufer-Hypothese» des Berliner Anthropologen und Humanbiologen Carsten Niemitz geht davon aus, daß in diesen Lebensräumen Menschenaffen Nahrung in seichten Gewässern suchten. Da Menschenaffen nicht schwimmen können, stehen sie im Wasser auf zwei Beinen und bewegen sich auf zwei Beinen fort. Hierdurch wird dieser – an Land noch sehr wackelige – aufrechte Gang stabilisiert, bevor er sich dann auch als Fortbewegung an Land durchsetzt.

Die Abstammung des Menschen läßt sich längst nicht mehr als Linie darstellen, auch nicht als Baum, bestenfalls als Busch. Auch wenn die Suche nach dem *missing link* in immer ältere Schichten verlegt wird, so zeigen die ältesten bekannten Funde schon durch ihre geographische Verbreitung eher das Gegenteil: Es gab das eine *missing link* in Wirklichkeit gar nicht. Es bestand eine Verflechtung unterschiedlicher geographischer Varianten von Ursprungspopulationen der Hominiden in Zeit und Raum entlang der Grenzen des schrumpfenden tropischen Regenwaldes. Bei einer geographischen Ausdehnung der Uferzo-

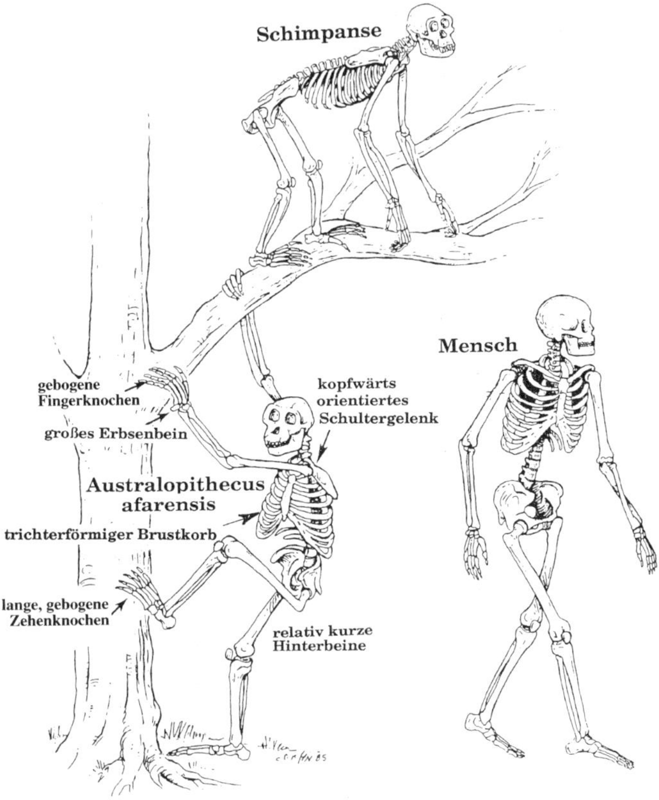

Abb. 3: Wichtige Konstruktionsmerkmale des Skeletts der aufrechtgehend-kletternden Vormenschen als Bindeglied zwischen vierbeinigen Menschenaffen und dem Menschen

nen-Habitate von ungefähr vier Millionen Quadratkilometern war es jedoch unwahrscheinlich, daß nur eine einzige Form des aufrechten Gangs entstand. Die geologisch ältesten Hominidenfunde aus dieser Region legen nahe, daß sich unterschiedliche geographische Varianten frühester zweibeiniger Vormenschen entwickelten.

In der Tat wurde ein aufrechter Gang auch schon bei anderen fossilen Menschenaffen im späten Miozän Südeuropas entwikkelt (*Oreopithecus*), *Orrorin, Ardipithecus* und *Sahelanthropus* waren offensichtlich am erfolgreichsten.

So stellt beispielsweise *Ardipithecus* funktionell ein erstes Bindeglied zwischen der kletternden Fortbewegung der Menschenaffen und dem dauernden aufrechten Gang des Menschen dar. Die typischen Skelettmerkmale des *Australopithecus afarensis* (Abb. 3), wie ein kopfwärts orientiertes Schultergelenk, ein trichterförmiger Brustkorb, ein großes Erbsenbein in der Handwurzel und gebogene Fingerknochen sowie relativ kurze Hinterbeine und lange gebogene Zehenknochen, sind schon bei *Ardipithecus* zu beobachten.

Die ursprünglichen Gründe (Ursache) zur Entwicklung der neuen Fortbewegungsweise dürfen nicht mit den späteren Vorteilen (Wirkung) des aufrechten Ganges verwechselt werden. Die mit dem dauernden zweibeinigen Gehen verbundenen Möglichkeiten, zum Beispiel die Fähigkeit, weite Savannengebiete überblicken oder Kinder tragen zu können, haben im tropischen Waldrandgebiet noch keinen Selektionsvorteil geboten. Erst später, bei der Besiedlung der Savannengebiete, wurden die konstruktiven Vorbedingungen derartig nutzbar. Der aufrechte Gang ist also eine Entwicklung in zwei Stufen: Zunächst werden in den nicht mehr dichten Waldrandgebieten neben dem Kletterverhalten die Fähigkeiten des zeitweiligen zweibeinigen Gehens weiterentwickelt. Erst als sich später der Lebensraum in weiten Gebieten noch stärker lichtete, bildeten sich die Fähigkeiten des Kletterns ganz zugunsten des dauernden aufrechten Ganges zurück.

Voraussetzung (Vorkonstruktion) für die Entwicklung des aufrechten Ganges waren nicht lange Beine, wie sie heute für den Menschen charakteristisch sind, sondern lange Arme sowie die Fähigkeit zur Körperaufrichtung. Die relative Verlängerung der Beine erfolgte erst vor ca. 2 Millionen Jahren mit der Entstehung der Urmenschen, um den zweibeinigen Gang durch eine energetisch günstige Konstruktion zu perfektionieren.

Afrika – Die Wiege der Vormenschen *(Australopithecus)*

Fundorte und Fundgeschichte im südlichen Afrika

Charles Darwin schien sich getäuscht zu haben, als er im Jahre 1871 die «Wiege der Menschheit» in Afrika vermutete. Die ältesten Vormenschenfunde kamen bis zum ersten Viertel des 20. Jahrhunderts aus Asien. Dann wurde jedoch an einem völlig unerwarteten Ort eine Entdeckung gemacht, die für beträchtliche Aufregung sorgte: Steinbrucharbeiter bargen in Taung (Abb. 1), Südafrika, einen fossilen Kinderschädel (Abb. 4), der 1925 vom Johannesburger Anatomieprofessor Raymond Dart unter der Bezeichnung *Australopithecus africanus* (das heißt südlicher Affe aus Afrika) der skeptischen Fachwelt vorgestellt wurde.

Das ca. 2 Millionen Jahre alte Fossil besteht aus Gesichtsschädel und Unterkiefer sowie einem Innenausguß (Endocranialausguß) der Gehirnkapsel. Da das Gehirn selbst nicht erhaltungsfähig war, erkennt man die grobe Lage der Gehirnzentren auf dem inneren Relief der Innenseite des Schädels; die Innenseite lag, ursprünglich nur durch die Hirnhäute getrennt, sehr eng an dem Gehirn an, weshalb sich darauf dessen ehemalige Oberfläche abdruckte. Dieses Lebewesen mußte bereits den aufrechten Gang besessen haben, da die Eintrittsstelle des Rückenmarks in das Gehirn, das *Foramen magnum*, an der Unterseite des Schädels liegt und nicht wie bei Menschenaffen schräg nach hinten gerichtet war. Das Gehirn konnte zwar nicht größer gewesen sein als bei Schimpansen, einige Hirnregionen waren aber deutlich anders strukturiert. Die Eckzähne waren im Gegensatz zu denen der Menschenaffen, schon wie beim Menschen, sehr stark reduziert. Diese Befunde, damals noch in direktem Widerspruch zur herrschenden Lehrmeinung, haben sich in den ver-

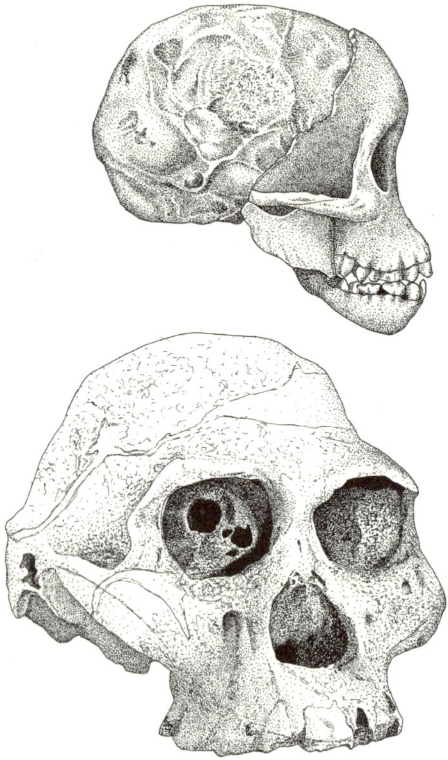

Abb. 4: *Australopithecus africanus*. Oben: *Taung Baby* aus Taung, Südafrika (Alter ca. 2 Mio. J.); unten: *Mrs. Ples*, Schädel STS 5 aus Sterkfontein, Südafrika (Alter ca. 2,5 Mio. J.)

gangenen Jahrzehnten durch eine große Anzahl weiterer Funde im südlichen, östlichen und kürzlich auch im westlichen Afrika bestätigt.

Lange Zeit wurde das Taung-Baby jedoch von einflußreichen Anthropologen als Schimpansen-Kind angesehen. Der Fund stieß in der Welt der Paläoanthropologen auf Ablehnung und Ignoranz. Kaum ein Wissenschaftler wollte die Vorfahren des Menschen in Afrika vermuten.

Der Paläontologe Robert Broom war einer der wenigen bedeutenden Wissenschaftler, der die Hypothese Darts über Jahre hinweg unterstützte. Er fand 1936 in einer fossilen Höhle bei Sterkfontein (Abb. 1), ca. 35 km westlich von Johannesburg, einen Schädel, der von einem erwachsenen Australopithecinen stammte. Broom beschrieb eine neue Gattung *Plesianthropus* und nannte einen weiteren Schädel, gefunden 1947, der weibliche Merkmale zeigte, *Mrs. Ples* (Abb. 4). Die von ihm bereits am Taung-Baby erkannten anatomischen Besonderheiten der Vormenschen wurden durch *Mrs. Ples* bestätigt.

Aus der sogenannten «unteren Brekkzie» (*Member* IV), einem dicht gepackten, fest verbackenen Knochenlager in Sterkfontein mit einem Alter von ca. 2,5 Millionen Jahren, wurden seit 1947 durch umfangreiche Grabungen bis heute über 700 Australopithecinen-Fragmente zutage gefördert. 1947 konnten Robert Broom und John T. Robinson anhand eines Skelett-Fundes den für *Australopithecus* propagierten aufrechten Gang auch im Bewegungsapparat anatomisch belegen. Aus der «mittleren Brekkzie» (*Member* V) mit einem Alter von ca. 1,5 Millionen Jahren wurden Schädelreste geborgen, die zur Gattung *Homo* zu rechnen sind (S. 66). In den sechziger Jahren leitete Phillip Tobias die Arbeiten, heute werden sie von Ron Clarke vom Anatomischen Institut der University of the Witwatersrand, Johannesburg, weitergeführt. Einer der bedeutendsten Funde in der Geschichte der Paläoanthropologie war 1998 das zu 99 Prozent vollständige Skelett – mit Schädel – eines Australopithecinen. Nachdem 1995 der Fuß in einer Sammlungskiste entdeckt wurde («Little Foot»), erbrachte die minutiöse Suche in der Höhle selbst den Rest («Cinderella»). Das Skelett deutet auf eine Fortbewegungsart von *Australopithecus africanus* hin, die weniger menschenähnlich war als die von *Australopithecus afarensis* des östlichen Afrika (S. 47).

In Sichtweite von Sterkfontein liegen die Höhlen von Kromdraai und Swartkrans (Abb. 1). In Kromdraai gelang Robert Broom 1938 der Nachweis, daß es unter den Australopithecinen einen zweiten Typus gab, der wesentlich robuster war, als die Funde von Sterkfontein. Unter der Bezeichnung *Paranthro-*

pus (*Paranthropus robustus*) trennte er die «robusten Australopithecinen» aus der Knochenbrekkzie Kromdraai B (Abb. 8) (jünger als 2,5 Millionen Jahre) von den «grazilen Australopithecinen» Sterkfonteins ab. Diese Hypothese, nach der die Vormenschen in eine auf vegetarische Nahrung spezialisierte robuste und eine allesfressende (omnivore) grazile Linie getrennt sind, hat sich in vielen weiteren Funden bis heute bestätigt. Allerdings besteht immer noch keine Einigkeit darüber, ob es sich um Gattungs- oder Artunterschiede handelt; auch die Verwandtschaftsverhältnisse sind strittig. Die meisten Autoren behandeln jedoch *Paranthropus* als eine von *Australopithecus* verschiedene Gattung.

Robert Broom und John T. Robinson fanden in Swartkrans ab 1948 weitere Schädel, Kieferknochen und Zähne, die den robusten Australopithecinen zuzurechnen waren (*Paranthropus crassidens*). John T. Robinson entdeckte 1949 in derselben Schichteinheit (*Member* I) einen Unterkiefer, der zur Gattung *Homo* (*Homo erectus*) zu rechnen ist, der erste Nachweis für eine gleichzeitige Existenz der robusten Vormenschen und der Urmenschen (S. 89). Mehr als zwanzig Jahre lang leitete Bob Brain, Transvaal Museum, Pretoria, seit Mitte der sechziger Jahre die Grabungen in Swartkrans. Aus den 1,7 bis 1 Millionen Jahre alten Brekkzien wurden bis heute fast 150 Hominiden-Fragmente geborgen. In den jüngsten Abschnitten finden sich neben altpaläolithischen Werkzeugen und Zähnen von robusten Australopithecinen auch eindeutige Spuren von Feuernutzung. Es ist sehr wahrscheinlich, daß die auf Pflanzennahrung spezialisierten robusten Australopithecinen Knochenwerkzeuge zum Ausgraben von eßbaren Wurzeln benutzten, wie Bob Brain anhand von rasterelektronenmikroskopischen Untersuchungen zeigen konnte (S. 61).

Im Norden Transvaals, ca. 280 km nördlich von Johannesburg, in Makapansgat (Abb. 1), entdeckte James Kitching 1947 Schädelfragmente in einer Höhlen-Brekkzie. Bereits 1925 erfuhr Raymond Dart von der Existenz fossiler Knochen, die er aufgrund von Schwarzfärbungen als Beweise für Feuernutzung hier lebender Hominiden hielt. Daher beschrieb Dart die Australopithecinen von Makapansgat als *Australopithecus prometheus*, da er davon überzeugt war, den Feuerbenutzer gefunden zu haben (S. 54). In den fünfziger und sechziger Jahren wurden fast zwanzig Hominiden-Fragmente (heute als *Australopithecus africanus* klassifiziert) aus Makapansgat bekannt.

Seit Anfang der neunziger Jahre werden die Geländearbeiten zur Entdeckung neuer Vormenschenfundstellen in Südafrika wieder intensiviert. Erste Erfolge waren die Entdeckung von Australopithecinen-Zähnen in Gladysvale (1994) (Abb. 1) und eines fast vollständigen robusten Australopithecinen-Schädels in Drimolen (1996) (Abb. 1).

Fundorte und Fundgeschichte im östlichen und nordöstlichen Afrika

Seit Beginn der dreißiger Jahre war Louis Leakey im östlichen Afrika auf der Suche nach Zeugnissen der Existenz menschlicher Vorfahren; vor allem suchte er Steinwerkzeuge. In der Olduvai-Schlucht (Olduvai Gorge) (Abb. 1) in Nord-Tansania, die 1911 von Wilhelm Kattwinkel, dem deutschen Erforscher der Schlafkrankheit, für die Wissenschaft entdeckt und von Hans Reck 1913 geologisch bearbeitet wurde, begann er seine leidenschaftliche archäologische und paläontologische Forschungstätigkeit. Schließlich gelang seiner Frau, der Archäologin Mary Leakey, 1959 der entscheidende Hominiden-Fund in Ostafrika. Bis dahin stammte das Wissen um die frühesten Phasen der Evolution des Menschen ausschließlich aus dem südlichen Afrika. Mit dem Schädel des «Nußknacker-Menschen» (Abb. 8) *Zinjanthropus boisei* (heute als *Australopithecus boisei* klassifiziert), auch *Zinj* oder *Dear Boy* genannt, begann nicht nur in Olduvai Gorge eine außergewöhnliche Serie von Hominiden-Funden, sondern im gesamten östlichen und nordöstlichen Afrika.

Da in der Fundschicht des *Zinjanthropus* in Olduvai Gorge (*Bed* I, ca. 1,9–1,8 Millionen Jahre) primitive Steinwerkzeuge lagen, schienen sich zunächst die Hypothesen von werkzeugbenutzenden Vormenschen zu bestätigen. Ebenfalls aus *Bed* I wurde jedoch 1964 die damals älteste Art der Gattung *Homo*

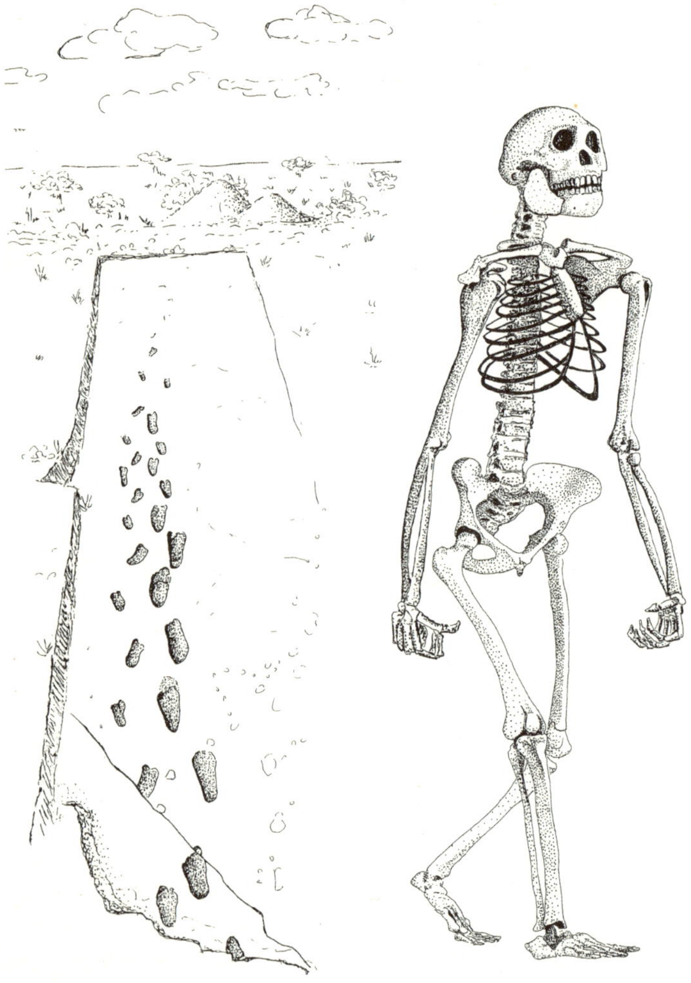

Abb. 5: Älteste Fußabdrücke der Vormenschen von Laetoli, Tansania, (Länge der Strecke ca. 20 m, Alter 3,6 Mio. Jahre) und Rekonstruktion von Lucy (*Australopithecus afarensis,* Größe ca. 1,20 m)

(*Homo habilis*) und damit der wahrscheinliche Werkzeugbenutzer beschrieben. Auch in Olduvai lebten also robuste Vormenschen und frühe Urmenschen gemeinsam nebeneinander.

Bereits 1935 wurde die Fundstelle Laetoli (Abb. 1), wenig südwestlich der Olduvai-Schlucht, von Louis und Mary Leakey entdeckt. Der deutsche Ethnologe Ludwig Kohl-Larsen fand in dem Gebiet 1939 ein Oberkieferfragment mit zwei Zähnen und einen isolierten Schneidezahn (Garusi-Hominiden); die Reste befinden sich seitdem in den Sammlungen der Universität Tübingen und wurden 1950 von Hans Weinert als *Meganthropus africanus* beschrieben. Heute werden diese Hominiden aus den «Laetoli-Beds» (3,7–3,5 Millionen Jahre alt) als *Australopithecus afarensis* (S. 46) klassifiziert.

Eine der wichtigsten Entdeckungen der paläoanthropologischen Forschung gelang Mary Leakeys Team 1977/78. Während schon seit Beginn der Arbeiten zahlreiche Säugetierspuren in den vulkanischen Aschenlagen bekannt waren, wurden damals die Fußabdrücke von Australopithecinen entdeckt (Abb. 5). Sie belegen, daß der aufrechte Gang der Vormenschen bereits vor ca. 3,6 Millionen Jahren voll entwickelt war.

Die *International Omo Research Expedition* unter der Leitung von F. Clark Howell und Yves Coppens, an der zwischen 1966 und 1974 französische, kenianische und amerikanische Wissenschaftler teilnahmen, führte im Gebiet des Omo-Flusses in Südäthiopien (Abb. 1), nördlich des Turkana-Sees, zu der Entdeckung von über 200 Einzelzähnen und einigen Schädel-, Unterkiefer- und Skelettfragmenten früher Hominiden. Der Großteil des Materials gehört zu den Australopithecinen. Aus dem *Member* C der Shungura-Formation des Omo-Gebietes (Abb. 1) in Südäthiopien wurde 1968 von Yves Coppens und Camille Arambourg ein robuster Vormenschen-Unterkiefer beschrieben, der heute zu *Australopithecus aethiopicus* (S. 56) gezählt wird. Diese Art wurde aufgrund eines spektakulären Schädelfundes 1986 (*black skull* S. 59) in Lomekwi (Abb. 1) am Westufer des Turkana-Sees den robusten Australopithecinen zugeordnet.

Die systematischen und interdisziplinären Forschungsarbeiten des Sohnes von Louis und Mary Leakey, Richard Leakey, und seines Teams am östlichen Ufer des Turkana-Sees in Kenia (Koobi Fora) (Abb. 1) erbrachten seit 1972 mehr als 120 Schädelfragmente, Zähne und Skeletteile vor allem von robusten Australopithecinen und Vertretern der Gattung Homo, die 1993 von Bernard Wood monographisch beschrieben wurden. Durch das *Koobi Fora Research Project* wurde die Fundstelle zur bestuntersuchten Hominidenfundregion Afrikas. Weit über zwanzigtausend gut erhaltene Einzelfunde der ehemaligen Tierwelt Koobi Foras werden heute im Nationalmuseum in Nairobi aufbewahrt. Zwar sind die Schichten East Turkanas (früher East Rudolf) zwischen 4 und 0,7 Millionen Jahre alt, doch sind alle gut erhaltenen Funde jünger als 2 Millionen Jahre. Die genaue Zeitstellung war lange Zeit umstritten und sorgte aufgrund von Laborfehlern jahrelang für Verwirrung. Heute sind jedoch die Sedimente Koobi Foras sehr gut mit denen West Turkanas, denen des Omo Gebietes und denen in Olduvai Gorge zeitlich verknüpft.

Auf der West-Seite des Turkana-Sees (Abb. 1) («West Turkana») treten ältere Sedimente als an der Ost-Seite auf, hier reichen sie bis in das geologische Zeitalter des Miozän zurück. Bereits in den sechziger Jahren wurden in Lothagam (ca. 6–7 Millionen Jahre) und in Kanapoi (4 Millionen Jahre) (Abb. 1) erste, schlecht erhaltene Hominidenfossilien geborgen. Knappe fünfzehn Flugminuten südlich von Lothagam, in Kanapoi, entdeckten Meave Leakey und ihr Team 1994 und 1995 mehrere 4 Millionen Jahre alte Unter- und Oberkiefer sowie Einzelzähne von Hominiden. Die Fundschichten werden als Ablagerungen eines ehemaligen Flußdeltas gedeutet. Ähnliche Funde stammen von Allia Bay (Abb. 1) am Ostufer des Turkana-Sees. Zusammen bilden diese neuen Fundstücke die Grundlage für die Beschreibung einer weiteren Australopithecinen-Art *Australopithecus anamensis* (Anam bedeutet See in der Sprache der Turkanas).

In Hadar (Abb. 1), Äthiopien, entdeckte eine amerikanisch-französische Expedition unter Leitung von Donald Johanson und Yves Coppens im November 1974 das Skelett einer als *Australopithecus afarensis* beschriebenen Art, die berühmt gewordene *Lucy* (Rekonstruktion in Abb. 5). Immerhin fast vierzig Prozent des Skeletts sind erhalten. Das Alter der Schichten an «Fundlokalität 288», dem Fundort *Lucys*, liegt bei ca. 3 Millionen Jahren. Noch spektakulärer fielen die Funde von «Lokalität 333» (Alter ca. 3,3 Millionen Jahre) aus: Hier wurden 1976/77 Hunderte von Hominiden-Resten geborgen, die von insgesamt 13 Individuen stammen. Da alle Altersstadien von Kindern bis zu alten Erwachsenen repräsentiert sind, werden diese Funde als Beweis für den katastrophenartigen Tod einer ganzen Gruppe von Hominiden, möglicherweise der «ersten Familie» interpretiert. Im Jahre 1991 entdeckten Bill Kimbel und Yoel Rak an der «Lokalität 444» den ersten fast vollständigen Schädel von *Australopithecus afarensis* (S. 46). Weitere Fundstellen von *Australopithecus afarensis* im Middle Awash liegen südlich von Hadar, z. B. Maka (Abb. 1) oder Dikika, von wo 2006 durch Zeresenay Alemseged ein gut erhaltenes Kinderskelett beschrieben wurde. Im Gebiet westlich von Awash wurde 1999 die neue Art *Australopithecus garhi* beschrieben.

In Südäthiopien wurde 1992 an einer neuen Fundstelle, Konso-Gardula (Abb. 1), wo auch *Homo erectus*-Fragmente (S. 92) gefunden wurden, von Gen Suwa ein fast vollständiger Schädel eines *Paranthropus robustus* entdeckt. Da die Fossilisationsbedingungen im äthiopischen Abschnitt des afrikanischen Rifts hervorragend waren, sind durch die jetzt wieder intensivierten Geländearbeiten in naher Zukunft noch weitere bedeutende Funde zu erwarten.

Andere Fundgebiete

Bis 1995 war es eine feste Lehrmeinung, daß Australopithecinen nur im Nordosten, Osten und Süden Afrikas lebten. Die von Yves Coppens propagierte *East Side Story* nimmt auf den Einfluß der Entstehung des afrikanischen Rifts auf das Klima und die Vegetation und somit auf den Lebensraum der Hominiden Bezug. Daher verursachte der Fund eines Australopithecinen-Fragments durch ein französisches Team unter Leitung von Michel Brunet 1995 im Tschad (Bahr el gazal in Abb. 1), ca.

2500 km westlich des Afrikanischen Rifts, einen wissenschaftlichen Schock. Die Funde wurden 1996 von Brunet und Kollegen als neue Art *Australopithecus bahrelgazali* (arabisch für Gazellenfluß) von *Australopithecus afarensis* und *Australopithecus anamensis,* den beiden anderen frühen Australopithecinen-Arten, abgetrennt.

Durch diese Funde ist nicht nur das bekannte Verbreitungsgebiet der Gattung *Australopithecus* stark erweitert, sondern es bewahrheitet sich auch eine alte Weisheit der Paläontologie: Fehlende Fossilien bedeuten nicht, daß entsprechende Lebewesen nicht vorhanden waren, sondern belegen oft nur, daß ihre Überreste bisher nicht entdeckt wurden.

Eine weitere große Lücke in der Verbreitung der Australopithecinen bildete, neben dem westlichen Afrika, bis vor kurzem das fast 3000 km lange Gebiet Südost-Afrikas zwischen den Fundstellen im Süden und im Osten des Kontinents. Dem deutschen Team des *Hominid Corridor Research Project* (HCRP) gelang 1996 an der Fundstelle Malema (Abb. 1) mit einem ca. 2,5–2,4 Millionen Jahre alten Oberkieferfragment der erste Fund eines robusten Australopithecinen im «Hominiden-Korridor». Es handelt sich um das älteste bekannte Fragment der Art *Paranthropus boisei* (S. 59). Da ebenfalls in Malawi bereits Reste des ältesten Urmenschen *Homo rudolfensis* gefunden wurden (S. 68), ist belegt, daß bereits vor fast 2,5 Millionen Jahren die robusten Australopithecinen und die frühen Angehörigen der Gattung *Homo* das Gebiet gemeinsam bevölkerten. Diese Erkenntnis liefert entscheidende Hinweise auf die Ursachen der Entstehung der Gattung *Homo* (S. 72).

Es zeichnet sich ab, daß zwischen verschiedenen Gruppen der Australopithecinen zu unterscheiden ist: Die Australopithecinen-Stammgruppe im äquatorialen Bereich, die geographischen Varianten der Australopithecinen des westlichen, des östlichen, nordöstlichen und südlichen Afrika sowie die robusten Australopithecinen, die zur Gattung *Paranthropus* zusammengefaßt werden. Zusammenfassend ergibt sich damit für die Australopithecinen folgende Fundlage:

Australopithecinen-Stammgruppe

Australopithecus anamensis (4,2–3,8 Millionen Jahre):
Kanapoi, Allia Bay (Kenia)
Australopithecus afarensis (3,7–2,9 Millionen Jahre):
Laetoli (Tansania) (Abb. 5), Hadar, Maka, Dikika (Äthiopien)

Geographische Varianten der Australopithecinen

WESTLICHES AFRIKA
Australopithecus bahrelgazali (3,5–3,2 Millionen Jahre):
Bahr el gazal (Tschad)

ÖSTLICHES AFRIKA
Kenyanthropus platyops (ca. 3,5–3 Millionen Jahre): Lomekwi (Kenia) (Abb. 7)

NORDÖSTLICHES AFRIKA
Australopithecus garhi (ca. 2,5 Millionen Jahre):
westlich von Awash (Äthiopien)

SÜDLICHES AFRIKA
Australopithecus africanus (3–2 Millionen Jahre):
Taung (Abb. 4), Sterkfontein (Abb. 4), Makapansgat, Gladysvale (Südafrika)

Robuste Australopithecinen (*Paranthropus*)

Paranthropus aethiopicus (2,6–2,3 Millionen Jahre):
Omo (Äthiopien), Lomekwi (Kenia)
Paranthropus boisei (2,5–1,1 Millionen Jahre):
Olduvai Gorge (Abb. 8), Peninj (Tansania), Koobi Fora (Kenia), Omo, Konso (Äthiopien), Malema (Malawi)
Paranthropus robustus (1,8–1,3 Millionen Jahre):
Kromdraai, Swartkrans (Abb. 8), Drimolen (Südafrika)

Wenn sich auch aufgrund neuer Funde der Stammbaum des Menschen stets erweitert, so gibt es doch wenigstens keinen einzigen Australopithecinen-Fund, der nicht vom afrikanischen Kontinent stammt. Daher nimmt mit jedem weiteren Fund die Wahrscheinlichkeit zu, daß die Wiege der Vormenschen in Afrika gestanden hat.

Die Australopithecinen-Stammgruppe

Australopithecus anamensis

Die Vormenschen der Gattung *Australopithecus* entstanden wahrscheinlich vor über 5 Millionen Jahren. Sie haben mit den Vorfahren der heutigen Schimpansen einen gemeinsamen Urahnen. Die ältesten bekannten Funde der Australopithecinen (*Australopithecus anamensis*) sind knapp über 4 Millionen Jahre alt, stammen aus dem Turkana-Becken in Nord-Kenia und wurden von Meave Leakey 1994 beschrieben (S. 40). Außer in Kanapoi wurden Reste dieser Art auch am Ostrand des Turkana-Sees, in Allia Bay, entdeckt (Abb. 1).

Australopithecus anamensis unterscheidet sich deutlich vom etwas älteren *Ardipithecus ramidus*, aber auch vom späteren *Australopithecus afarensis*. Vor allem fällt auf, daß sowohl im Oberkiefer als auch im Unterkiefer die Zahnreihen fast parallel stehen. Die Eckzähne des Unterkiefers stehen deutlich schräg zur Kaufläche und sind, ebenso wie die Backenzähne, sehr groß.

Während der Schädel eher menschenaffenähnlich wirkt, ist der Bau der Extremitäten nur mit Mühe von dem des modernen Menschen zu unterscheiden. Im Gegensatz zur späteren Art *Australopithecus afarensis* war der aufrechte Gang bei dem frheren *Australopithecus anamensis* offenbar schon voll entwickelt. Für diese paradoxe Situation gibt es nur zwei Erklärungsmöglichkeiten: Entweder gehören die in Kanapoi gefundenen Oberschenkelknochen nicht zu *Australopithecus anamensis*, oder *Australopithecus anamensis* ist kein direkter Vorfahre von *Australopithecus afarensis*. Im zweiten Fall eröffnet sich die höchst spannende Aussicht, daß die ersten Angehörigen der Gattung *Homo* vielleicht sogar direkt auf *Australopithecus anamensis* zurückzuführen sind.

Die Gegend um den Turkana-See ist heute karg, trocken und staubig; Vegetation wächst nur entlang ausgetrockneter Flußläufe. Die Antilopen-Funde aus der Zeit vor 4 Millionen Jahren, zum Beispiel Kudus, lassen auf einen ehemaligen dichten Buschbestand schließen. Auch die Ernährungsgrundlagen änderten sich: Als am Ende des *Miozän* die jahreszeitlichen Trockenzeiten länger und ausgeprägter wurden, traten vermehrt die Nahrungsquellen im Boden wie beispielsweise Knollen und Speicherwurzeln in den Vordergrund, während in den Regenzeiten weiterhin Früchte, Kerne und Hülsen der Waldgebiete zur Verfügung standen. Mehr als eine Million Jahre lang waren somit Morphologie und Verhalten durch einen Lebensraum in den Bäumen (*arboreal*) als auch am Boden (*terrestrisch*) unterschiedlichen Anforderungen ausgesetzt. Die Fauna von Kanapoi zeigt deutlich, daß sich dort vor 4 Millionen Jahren eine relativ trockene und offene Landschaft befand. Zum Beispiel sind die Reste von Flußpferden selten, demnach waren die Flüsse wohl nicht ganzjährig wasserführend.

Die angrenzende baumbestandene Savanne bot neue Lebensräume, die geschützten Bereiche waren jedoch durch weite baumlose Gebiete voneinander getrennt. Da die Eckzähne nicht wie bei den Menschenaffen als Tötungsinstrumente geeignet waren, muß ein wirkungsvoller Schutz vor Beutegreifern im Aufsuchen von schützenden Baum- und Dornbuschgruppen bestanden haben. Bei den hier lebenden Hominiden lag der Selektionsvorteil in der Entwicklung eines verhaltens- und konstruktionsabhängigen Bewegungsrepertoires zur Überwindung der ausgedehnten Zwischengebiete. Eine dieser Strategien ist der zweibeinige, aufrechte Gang, die Entwicklung des «Gehens». Der aufrechte Gang brachte auch Vorteile bei intensiver Sonnen- und Bodenabstrahlung in offenen Gebieten: Der Körper wurde weniger stark erhitzt.

Aus der Tatsache, daß weder anatomische noch kulturelle Verteidigungs-, geschweige denn Angriffsmerkmale bei *Australopithecus anamensis* vorhanden sind, läßt sich schließen, daß ein ausgeprägtes Sozialverhalten die entscheidende Schutzfunktion gegenüber der Umwelt übernahm. In dieser frühen Phase der Hominidenentwicklung, in der eine Verteidigung mit Hilfe der Zähne nicht mehr und mit Hilfe von Werkzeugen noch nicht möglich war, lag ein weiterer Selektionsvorteil in der starken Verfeinerung und Weiterentwicklung des primatentypischen Sozialverhaltens.

Australopithecus afarensis

Die wahrscheinlich berühmtesten Skelettreste eines Vormenschen gehören einem vermutlich weiblichen Wesen an, das 1974 im äthiopischen Hadar (Abb. 1) gefunden wurde (Lucy) (Rekonstruktion Abb. 5). Eine spätere Rekonstruktion des Beckens läßt jedoch auch die Möglichkeit zu, daß *Lucy* in Wirklichkeit ein Mann war. Fossile Fußabdrücke aus Laetoli, die vor 3,6 Millionen Jahren durch Vulkanasche-Regen konserviert worden waren, belegen, daß der dauernde aufrechte Gang bei diesen Vormenschen bereits voll entwickelt war. Australopithecinen-Funde aus Laetoli wurden gemeinsam mit denen aus Äthiopien der wissenschaftlichen Beschreibung von *Australopithecus afarensis* zugrunde gelegt. Eventuell handelt es sich jedoch auch um verschiedene Arten, vor allem aufgrund großer Unterschiede im Bau der Wirbelsäule. Das Alter der Funde liegt zwischen 3,7 und 2,9 Millionen Jahren.

Australopithecus afarensis war ca. 30 bis 50 kg schwer und höchstens 1,20 m groß. Die relative Hirngröße entspricht der heutiger Schimpansen, vor allem die Backenzähne sind jedoch deutlich größer, als bei Schimpansen ähnlicher Körpergröße zu erwarten wäre. Dies läßt auf die Verarbeitung relativ grober Nahrung schließen, wie sie hauptsächlich in den an den tropischen Regenwald anschließenden Savannengebieten zu finden ist. Aus der Anatomie der Schulterblätter und der Arme ist zu schließen, daß eine gewisse Fähigkeit zum Klettern und zur vierbeinigen Fortbewegung noch vorhanden war. Die Fingerknochen der Hand waren stärker gebogen als beim heutigen Menschen (Abb. 3). Überwiegend dürften diese Vormenschen jedoch aufrecht gegangen sein. Während die Arme von *Australopithecus afarensis*, wie vor allem durch das Skelett von *Lucy* bekannt, entsprechend der Vorkonstruktion bei hangelnden Menschenaffen relativ lang waren, erstaunen die im Vergleich zum modernen Menschen sehr kurzen Beine. Der aufrechte Gang war demnach recht kraftaufwendig.

Eindeutige Veränderungen gegenüber den Menschenaffen sind auch bei den Zehen zu beobachten: Während die große

Zehe bei Menschenaffen abgespreizt und somit zum Greifen geeignet ist, ist sie beim Menschen verkleinert und bildet mit den anderen Zehen einen gemeinsamen belastbaren Abrollapparat, bei dem ein abgespreiztes Zehenelement funktionell keinen Sinn macht. *Australopithecus afarensis* zeigt ein evolutives Zwischenstadium, die Abspreizung der großen Zehe ist noch schwach sichtbar. Zum Greifen war allerdings der Fuß nicht mehr geeignet.

Australopithecus afarensis entstand zunächst im ostafrikanischen tropischen Bereich. Das Leben in bewaldeten Gebieten war über kurze geologische Zeiträume eine lokale Erscheinung, dennoch hatte sich *Australopithecus afarensis* vor ca. 4 Millionen Jahren im Bereich des afrikanischen Rifts ausgebreitet. Dabei war das Verhaltensrepertoire darauf ausgerichtet, eine enge Verbindung zu den breiten Flußuferzonen-Habitaten beizubehalten. Offensichtlich breitete sich eine Teilpopulation bis in das Gebiet des heutigen Tschad aus, wie die Reste des von dort beschriebenen *Australopithecus bahrelgazali* belegen.

Lucy und ihre Artgenossen durchstreiften in Gruppen von vielleicht zwanzig Individuen vor etwa drei Millionen Jahren die bewaldeten Graslandschaften. Jedes Gruppenmitglied war offensichtlich weitgehend selbst für das Organisieren der eigenen Nahrung verantwortlich, denn es gibt noch keine direkten Hinweise auf Nahrungsteilung zu dieser Zeit. Der Nahrungserwerb dürfte relativ unspezialisiert gewesen sein. Früchte, Beeren, Nüsse, Samen, Schößlinge, Knospen und Pilze standen zur Verfügung. Unterirdische Wurzeln und Knollen konnten ausgegraben werden. Im Wasser und am Boden lebende kleine Reptilien, Jungvögel, Eier, Weichtiere, Insekten und kleine Säugetiere wurden nicht verschmäht.

Das Leben in jahreszeitlichen Wechseln von trockenem und feuchtem Klima führte dazu, daß nicht das gesamte Nahrungsspektrum das ganze Jahr über zur Verfügung stand. So ist davon auszugehen, daß *Australopithecus afarensis* Strategien entwikkelte, das vielfältige Nahrungsangebot entsprechend der Verfügbarkeit in einem saisonalen Lebensraum opportunistisch und bestmöglich auszunutzen (Abb. 6).

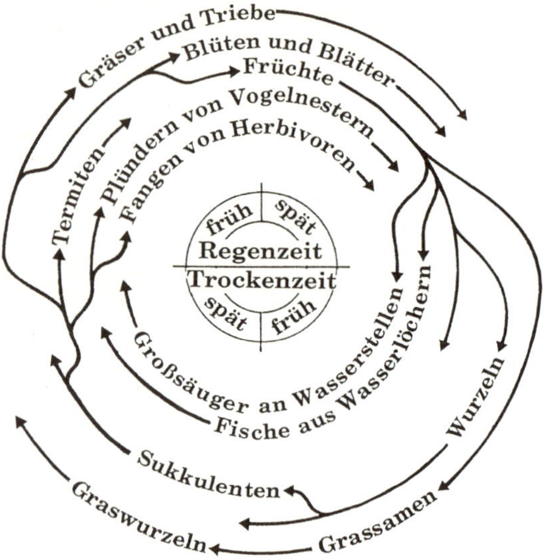

Abb. 6: Nahrungsalternativen der frühen Hominiden
im jahreszeitlichen Wechsel

Diese Ernährungsstrategie der Australopithecinen setzte einen sinnvollen Informationstransfer wenigstens von Individuum zu Individuum voraus, wenn auch noch keine Tradierung über Generationen hinweg notwendig war. Zwar sind keine Anzeichen für eine Sprechfähigkeit bei *Australopithecus afarensis* nachgewiesen, doch ist es wahrscheinlich, daß sich die schon bei Menschenaffen vorhandene Kommunikationsfähigkeit in diesem Funktionszusammenhang als vorteilhaft erwies und weiterentwickelt wurde.

Vor ungefähr 2,8 Millionen Jahren begann eine Phase der Abkühlung und zunehmenden Trockenheit in Afrika, die vor ca. 2,5 Millionen Jahren ein Maximum erreichte. Für *Australopithecus afarensis* bedeutete der klimatische Umschwung die Verlagerung seiner angestammten Lebensräume und seine Ausbreitung in weiter entfernt liegende Flußufer- und geschlossene Seeufergebiete. Die Klimaveränderungen sorgten für eine Ausdehnung der offenen Lebensräume mit einem höheren Anteil an trockenbeständiger Vegetation um die verbleibenden, jedoch schmaler werdenden Bänder von üppigen Flußauwäldern.

Der Selektionsdruck dieser Umweltveränderungen erhöhte die Chancen für Hominiden mit größeren Backenzähnen (Megadontie), die sich das härtere Nahrungsangebot der Savannen erschlossen hatten. Dies galt nicht nur für Hominiden, sondern ebenso für zahlreiche andere Großsäuger, beispielsweise Antilopen, vor ca. 2,5 Millionen Jahren. Dieser Druck war groß genug, um eine stammesgeschichtliche Spaltung von *Australopithecus afarensis* in die robusten Australopithecinen (*Paranthropus*) und *Homo* vor ca. 2,5 Millionen Jahren hervorzurufen. Nach der hier vertretenen Hypothese (S. 72) gab es zwei unterschiedliche «Strategien», wie der zunehmenden Klimaverschlechterung und der damit einhergehenden Zunahme harter pflanzlicher Nahrung begegnet wurde: mit bestehender unmittelbarer Umweltabhängigkeit durch eine Verstärkung der Kaumuskulatur (bei den robusten Australopithecinen) (ab S. 56) und durch Auskoppelung aus der unmittelbaren Umweltabhängigkeit durch Entwicklung einer Werkzeugkultur (bei *Homo rudolfensis*) (ab S. 68).

Geographische Varianten der Australopithecinen

Von der Stammgruppe der Australopithecinen ausgehend, entwickelten sich durch Verbreitung in Afrika seit ca. 3,5 Millionen Jahren verschiedene geographische Varianten der Vormenschen, die im westlichen, im nordöstlichen und südlichen Afrika lebten.

Westliches Afrika:
Australopithecus bahrelgazali

Bis zur Entdeckung von *Australopithecus anamensis* 1994 galten nahezu zwanzig Jahre lang Angehörige der Art *Australopithecus afarensis* (S. 47) als früheste Vormenschen. War schon mit der älteren Art *anamensis* das Bild komplizierter geworden, erweiterte ein interessanter Fund aus dem Tschad (Bahr el gazal,

Abb. 1) von 1995 den Stammbaum. Der Verbreitungsgrad von *Australopithecus* dürfte also auf dem afrikanischen Kontinent insgesamt beträchtlich gewesen sein. Die Spärlichkeit der Funde im westlichen Afrika geht vor allem darauf zurück, daß Gebiete mit hohem Fossilisationspotential hier sehr selten sind. Französische Paläoanthropologen wiesen nach, daß sich diese Hominidengruppe sowohl von den beiden genannten Australopithecinen-Arten als auch von *Ardipithecus ramidus* (S. 28) anatomisch unterscheidet: Zum Beispiel war die Gesichtspartie steiler gestellt (*orthognath*) als bei den langschnäuzig (*prognath*) wirkenden Verwandten.

Nordöstliches Afrika: Australopithecus garhi

Auch im nordöstlichen Afrika entwickelte sich eine geographische Variante. Die Funde von *Australopithecus garhi* in Hata/Äthiopien, erstmals 1999 von Tim White und seinen Mitarbeitern beschrieben, sind etwa 2,5 Millionen Jahre alt. *Australopithecus garhi* könnte durchaus dem Ursprung der Gattung *Homo* nahestehen. Neben Schädel-, Gebiß- und Langknochenresten wurden im selben Fundhorizont auch Steinwerkzeuge entdeckt. Dies wirft die Frage auf, ob die Werkzeugkultur bereits bei Australopithecinen einsetzte oder ob die Funde zur Gattung *Homo* gestellt werden müssen. Eine direkte Beziehung zwischen Hominiden-Funden und Artefakten ist bislang jedoch nicht nachgewiesen.

Östliches Afrika: Kenyanthropus platyops

In der Gegend um Lomekwi am Westufer des Turkana-Sees (Kenia) entdeckte das Team von Meave Leakey in den Jahren 1998 und 1999 eine Reihe zwischen 3,5 und 3 Millionen Jahre alter Hominiden-Fragmente, darunter ein fast vollständiger Schädel, zwei Unterkiefer und viele Einzelzähne. Der Schädel KNM-WT 40 000 ist aufgrund der Fossilisation zwar etwas verdrückt, aber immerhin ist die gesamte Ohrregion erhalten

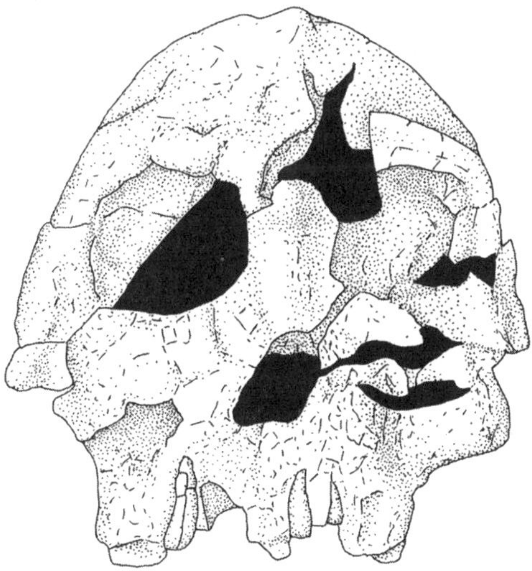

Abb. 7: *Kenyanthropus platyops*, Schädelfund von Lomekwi, West-Turkana, Alter ca. 3,5–3 Mio. Jahre

(Abb. 7). Da die Funde in kein bis dahin beschriebenes Hominiden-Raster hineinpassten, wurden sie als neue Gattung *Kenyanthropus* (Keniamensch) beschrieben, der Artname *platyops* weist auf ihren abgeflachten Gesichtsschädel hin.

Kenyanthropus stellte sich als weitgehend robuster Australopithecine, allerdings mit sehr kleinen Zähnen, heraus. Diese Mischung verblüfft, denn nach gängiger Auffassung entstanden die robusten Vormenschen erst vor ca. 2,5 Millionen Jahren (S. 56). Außerdem wirkten bei diesen spezialisierten Pflanzenfressern große Zähne und kräftige Kaumuskulatur im Sinne einer Mahlwerkskonstruktion zusammen. Bei *Kenyanthropus* dürfte es sich im weitesten Sinne zwar um eine geographische Variante der Australopithecinen handeln, es ist jedoch umstritten, ob die Gattung *Kenyanthropus* mit dem Ursprung der Gattung *Homo* in Verbindung steht und eine eigenständige Entwicklung der Art *Homo rudolfensis* (S. 68) seit annähernd 4 Millionen Jahren begründen könnte. Diese Vermutung rührt daher, daß sein ausgeprägtes, flaches Gesicht auch typisch ist für den Schädel KNM-ER 1470 (Abb. 9) (*Homo rudolfensis*), der etwa 1,5 Millionen Jahre jünger ist.

Südliches Afrika: Australopithecus africanus

Der erste Fund eines Hominiden in Afrika, die Entdeckung des Taung-Babys 1924 (S. 33, Abb. 4) führte zur Erstbeschreibung der Gattung *Australopithecus*. Den von Raymond Dart für den damals einzigen Fund vorgeschlagenen Artnamen *africanus* tragen heute über tausend Hominiden-Reste aus dem südlichen Afrika aus der Zeit vor 3 und 2 Millionen Jahren. Man fand Schädel von Erwachsenen und Skelettelemente zum Beispiel in den Höhlen von Sterkfontein und Makapansgat (S. 36, Abb. 1, Abb. 4).

Die Anatomie von *Australopithecus africanus* unterscheidet sich nur im Detail von der des *Australopithecus afarensis*. Die grundsätzlichen Merkmale sind schon seit dem Fund des Taung-Babys und der Erwachsenen-Schädel in den dreißiger Jahren bekannt: Die Mundregion springt vor, das Gesicht ist dadurch leicht schräg gestellt (Prognathie). Die Stirn ist wenig, der Überaugenwulst deutlich entwickelt. Die seitlichen Jochbeine sind kräftig ausladend, der Kiefer ist robust, ein Kinn fehlt. Charakteristisch ist die Kombination eines kleinen Gehirnschädels (Gehirnvolumen ca. 450 ccm), in der Größe vergleichbar mit dem der Menschenaffen, mit einem Gebiß, in dem vor allem die Schneide- und die Eckzähne fast winzig erscheinen, die Backen- und Vorbackenzähne aber doppelt so groß sind wie beim heutigen Menschen. Erstaunlich ist, daß das Gehirn sich mehr als zwei Millionen Jahre lang kaum vergrößerte. Heute beträgt das durchschnittliche Gehirnvolumen des Menschen 1450 ccm.

Die von *Australopithecus afarensis* übernommene aufrecht gehende und kletternde Fortbewegungsweise wurde bei *Australopithecus africanus* kaum modifiziert. Bevor die Fußabdrücke von Laetoli einen direkten Hinweis auf die zweibeinige Lebensweise der Australopithecinen gaben, wurde dies vor allem aus

Beckenfragmenten und Oberschenkelknochen geschlossen, die in Sterkfontein gefunden wurden. Sie geben beispielsweise darüber Auskunft, wie das Körpergewicht im Kniegelenk abgeleitet wurde: Bei den Schimpansen wird die größte Kraft über die größere äußere Gelenkrolle abgetragen, beim Menschen über die größere innere. Bei *Australopithecus africanus* ist eine Art Zwischenstadium in dieser Entwicklungsreihe erreicht. Der kleine Oberschenkelhals beim *Australopithecus* deutet auf eine geringere Belastungsfähigkeit hin als beim heutigen Menschen.

Australopithecus africanus kommt nur im südlichen Afrika vor, nicht im östlichen und nördlichen Bereich des Kontinents. Dort ist nur *Australopithecus afarensis* verbreitet. Diese Verteilung wird verständlich durch die Betrachtung der Klimaverschiebungen zur damaligen Zeit und deren Einfluß auf die Wanderungsbewegungen der frühen Hominiden. In Zeiten relativ warmen und feuchten Klimas vor ca. 3,5–3 Millionen Jahren kam es zur Ausbreitung einiger Populationen von *Australopithecus afarenis* entlang von Uferzonen-«Korridoren» in das südliche Afrika (Umschlaginnenseite vorne). Diese Ausbreitung wurde durch das Vordringen des südlichsten Abschnitts des afrikanischen Grabens (Malawi-Rift) in die gemäßigten Bereiche Afrikas ermöglicht. Die Hominiden behielten hierbei zunächst ihre Bindungen an bewaldete Lebensräume bei, besonders in gemäßigteren Klimaten und in geographischer Isolation am äußersten Rand ihres Verbreitungsgebietes.

Die Lebensbereiche von *Australopithecus africanus* im südlichen Afrika war nicht die offene Savanne, sondern Waldrandgebiete, die oft auch in der Nähe von Flußläufen zu finden sind (Galeriewald). Im Gebiet des heutigen Sterkfontein-Tales wuchsen sogar tropische Regenwälder mit Lianenbewuchs. In Makapansgat konnte ein dichter Waldbestand zu Zeiten der Australopithecinen nachgewiesen werden. In einem Radius von ca. 15 km um Makapansgat finden sich heute 137 eßbare Pflanzenarten: 79 Früchte, 11 Blätter, 16 Wurzeln und 31 verschiedene Pflanzenharze.

Da sich *Australopithecus africanus* als Allesfresser ernährte, gehörte Fleischnahrung zum Speiseplan. Da es keine deutlichen Anzeichen für Jagdverhalten wie etwa Schnittspuren auf den Knochenresten gibt, wurden wohl nur kleinere Tiere gejagt, wenn dies ohne Bedrohung möglich war. Vermutlich hat sich *Australopithecus* in recht opportunistischer Manier von allem ernährt, dessen er habhaft werden konnte, mit wechselnden Pflanzen- und Fleischanteilen entsprechend der Jahreszeit. Viel häufiger als die Jagd war bei *Australopithecus* das Fleddern schon gerissenen Wildes, ein auch für Schimpansen nicht unübliches Verhalten. Gerade in den Trockenzeiten war Aas zum Beispiel von verhungerten Tieren reichlich zu finden. Allerdings kam *Australopithecus* erst an die Reihe, nachdem sich Löwen, Geparden, Hyänen und Geier bedient hatten.

In einer solchen Umgebung war die Lebensweise von *Australopithecus africanus* einerseits darauf ausgerichtet, durch geschicktes Verhalten alle Nahrungsmöglichkeiten auszuschöpfen, andererseits war diese Ernährungsstrategie immer damit gekoppelt, für ausreichenden Schutz des Individuums zu sorgen: Kinder wurden von den Eltern getragen, die Zusammengehörigkeit in der Gruppe wurde gefördert, Informationen wurden ausgetauscht, Rückzugsgebiete, zum Beispiel Bäume, wurden definiert und genutzt. Wahrscheinlich wurden auch aktiv Hilfsmittel zur Verteidigung gegen Beutegreifer eingesetzt, wie zum Beispiel ausgerissene Dornbüsche, die eine abschreckende Wirkung erzielten. Denn wir wissen heute: *Australopithecus africanus* war nicht der Jäger, als der er oft dargestellt wurde, in Wirklichkeit war er der Gejagte.

So hatte sich Ende der fünfziger Jahre Raymond Dart, der Entdecker des Taung-Babys mit einer Hypothese zur Kultur der Vormenschen zu Wort gemeldet. Die weit über 100 000 in Makapansgat (Abb. 1) gefundenen fossilen Knochenfragmente, die hauptsächlich von Antilopen stammen, regten seine Phantasie an. Da er Feuerbenutzung durch die Australopithecinen für bewiesen hielt (S. 36), stellte er sich eine Knochen-, Zahn- und Hornkultur vor und erklärte die Knochenansammlungen zu fossilen Knochen-«Müllkippen» von *Australopithecus africanus*. Die sogenannte *Osteodontokeratische Kultur*, die vor allem in den sechziger Jahren stark popularisiert wurde, sieht die Vormenschen als blutrünstige *Killer-Apemen*. Nach Darts Hypothese sollen die aggressiven und jagenden Vormenschen sich nicht nur als gefürchtete Jäger Nahrungstiere aller Art verschafft haben, sondern die Reste ihrer Beutetiere als Jagdwaffen und sogar gegen Artgenossen eingesetzt haben.

Die Dart'sche Theorie der *osteodontokeratischen Kultur* rief viel Zustimmung, aber auch starken Widerspruch hervor; doch stellte sich heraus, daß weder über die Bildung von Fossilienlagerstätten noch über das Sozialverhalten von Primaten genügend Wissen vorlag, um die Theorie zu widerlegen. In dieser Situation wurden die zwei heute für die moderne Paläoanthropologie wichtigsten Forschungsrichtungen initiiert, die Taphonomie (S. 16) und die beobachtende Verhaltensforschung an Primaten. So war beispielsweise der Beginn der Schimpansenforschung Jane Goodalls eine direkte Folge der Aggressions-Theorie Darts, angeregt durch Louis Leakey (S. 39). Wenn auch die *osteodontokeratische Kultur* selbst aufgrund der durch sie ausgelösten und nachfolgenden Grundlagenforschung widerlegt wurde, kommt ihr wissenschaftsgeschichtlich dennoch größte Bedeutung zu.

Nicht nur die Hypothese von der *osteodontokeratischen Kultur* konnte widerlegt werden, auch die von Raymond Dart als Spuren von Feuerbenutzung interpretierte Schwarzfärbung der Knochenreste in Makapansgat hielten nicht, was sie versprachen; es handelte sich um chemische Ausfällungen von Mangan (S. 36). Das läßt den Schluß zu, daß *Australopithecus africanus* nicht in den Höhlen des südlichen Afrika lebte, sondern nur seine Reste dort wegen des großen Überlieferungspotentials erhalten blieben, waren sie auf unterschiedlichen Wegen erst einmal dort hineingelangt. Die Akkumulation der Knochenreste in Höhlen führte zu charakteristischen Beschädigungen, von Dart fälschlich als Beweis für innerartliche Aggression gedeutet. Ein derartiges Verhalten hätte in einer relativ bedrohlichen Umwelt mehr Nachteile als Vorteile gebracht. Während, dem damaligen ideologischen Weltbild entsprechend – in der Zeit des Kalten Krieges –, die Aggression als wesensbestimmendes Merkmal des Menschen angesehen wurde, gehen wir heute von einer viel größeren Bedeutung des kooperativen Sozialverhaltens bei der Evolution der Vormenschen aus.

In einem Größenvergleich, der aber lediglich einen evolutiven Trend aufzeigt, ohne Verwandtschaftsverhältnisse auszudrükken, nimmt die Größe der Eckzähne von *A. anamensis* über *A. afarensis* bis zu *A. africanus* kontinuierlich ab, die Größe der Backenzähne hingegen nimmt in dieser Reihenfolge leicht zu. Während also die Bedeutung der Eckzähne, die bei den Menschenaffen zum Teil als Tötungs- und als Drohinstrument eingesetzt werden, abnimmt, sind die Australopithecinen zunehmend auf große Mahlzähne zur Zerkleinerung harter Nahrung angewiesen.

Über das spätere Schicksal von *Australopithecus africanus* gehen die Meinungen auseinander. Vielfach wird angenommen, daß er den Ursprung für die robusten Australopithecinen bildete, die später mit *Australopithecus robustus* auch im südlichen Afrika vorkommen. Jedoch ist es aufgrund klima- und biogeographischer Rekonstruktionen (S. 75) eher plausibel, daß sich eine Teilpopulation zu *Homo habilis* weiterentwickelte (Abb. 10). Dies geschah zu einer Zeit, als aus *Australopithecus afarensis* des östlichen Afrika sowohl die Art *Homo rudolfensis* als auch die robusten Australopithecinen hervorgingen.

Die robusten Australopithecinen

Alle der bislang besprochenen Australopithecinen wurden oder werden in verschiedenen Stammbaum-Hypothesen, von denen es so viele gibt wie Paläoanthropologen, als mögliche Vorfahren der Urmenschen der Gattung *Homo* gehandelt. Im Falle der drei robusten Australopithecinen-Arten: – *aethiopicus*, – *boisei* und – *robustus* besteht jedoch breite Übereinstimmung, daß es sich hierbei um Angehörige eines ausgestorbenen Seitenzweiges im Hominidenstammbaum handelt. Daher werden die drei robusten *Australopithecus*-Arten in einer eigenen Gattung, *Paranthropus*, zusammengefaßt.

Vor ca. 2,5 Millionen Jahren erfolgte eine eindeutige und die einzige große Spaltung des gesamten Hominidenstammes.

Wahrscheinlich ist der Ursprung der beiden hierdurch entstandenen Hominiden-Linien – also deren gemeinsamer Vorfahre – *Australopithecus afarensis*. Demnach lebten dann zwei grundverschiedene Hominidentypen gleichzeitig nebeneinander. Dies ist zum Beispiel aus Olduvai Gorge, aus Koobi Fora und aus Konso-Gardula bekannt. Der älteste Nachweis für diese «Ko-Existenz» (2,5–2,4 Millionen Jahre) gelang 1996 in Nord-Malawi. Die eine Linie führt zum *Homo sapiens*, die andere in die Sackgasse: Die robusten Australopithecinen starben vor ca. 1 Million Jahren aus.

Allen robusten Australopithecinen sind wesentliche Merkmale in der Konstruktion des Schädels und der Bezahnung gemeinsam (Abb. 8). Der Gesichtsschädel ist sehr breit. Die Jochbögen, an denen der Teil der Kaumuskulatur entspringt, der an der Wangenseite zum Unterkiefer zieht, sind sehr kräftig und weit ausladend. Am auffälligsten ist jedoch die Ausbildung eines Scheitelkammes an der Oberseite des Schädels. Ursache dafür ist ebenfalls ein umfangreiches Kaumuskelpaket: Die aus der Schläfenregion seitlich vom Schädel abwärts führenden Kaumuskeln haben ihr Ursprungsfeld auf beiden Seiten in Richtung Schädeloberseite stark vergrößert und stoßen oben am Scheitelkamm mittig zusammen. Die Muskeln sind nicht nur wesentlich stärker ausgedehnt, sondern erreichen auch eine mehrfache Dikke der Kaumuskeln heutiger Menschen. Die äußere Kopfform der robusten Australopithecinen wurde also nicht durch die Form der Schädelknochen bestimmt, wie beim heutigen Menschen, sondern durch Muskelpakete, vergleichbar denen heutiger Gorillas. So läßt der Knochenkamm – bei den weiblichen Exemplaren weniger stark ausgebildet – auf massige Kaumuskelpakete schließen. Dies deutet, ebenso wie die übergroßen (megadonten) Backenzähne, darauf hin, daß vor allem harte und grobe pflanzliche Nahrung, zum Beispiel Samen und harte Pflanzenfasern, zerkaut wurden.

Diese charakteristischen Besonderheiten, die sie von allen anderen Hominiden unterscheiden, stehen in Zusammenhang mit einer Spezialisierung auf überwiegend vegetarische Nahrung. Da das Zerkauen pflanzlicher Nahrung durch stets enthaltene

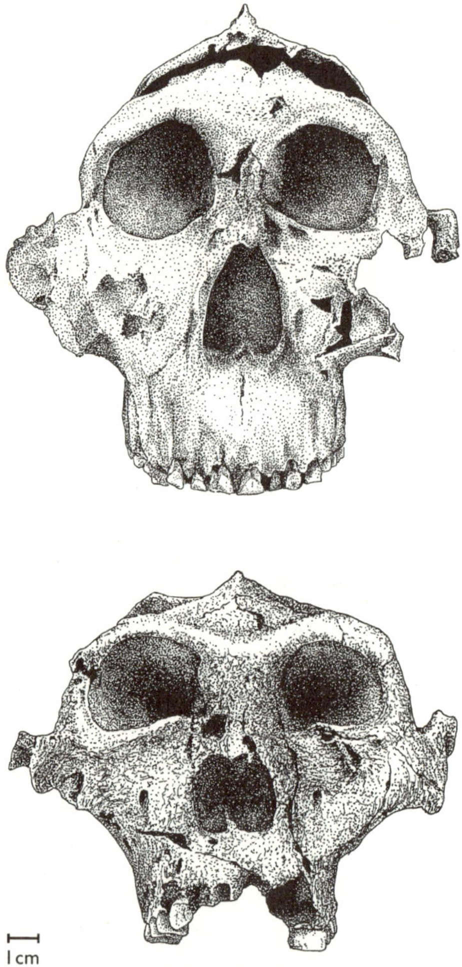

Abb. 8: Robuste Australopithecinen.
Oben: *Zinj*, Schädel OH 5 aus Olduvai Gorge, Tansania
(Alter ca. 1,8 Mio. Jahre), *Paranthropus boisei;*
unten: Schädel SK 48 aus Swartkrans, Südafrika
(Alter ca. 1,5 Mio. Jahre), *Paranthropus robustus*

Quarzanteile eine starke und schnelle Abnutzung der Zähne nach sich zieht, sind vor allem die Vorbacken- und die Backenzähne der robusten Australopithecinen enorm verbreitert. Ihre Kronenflächen sind zwischen zwei- und dreimal so groß wie bei heutigen Menschen.

Die Zahnoberflächen der fossilen Backenzähne bieten einen direkten Einblick in die Nahrung, an deren Zerkleinerung sie beteiligt waren, da pflanzliche Nahrung typische Spuren auf dem Zahnschmelz hinterläßt. Auch die räumliche Anordnung der mikroskopisch kleinen Prismenbausteine, die den Zahnschmelz aufbauen, ist funktionell bedingt, also an die Ernährung gekoppelt. Die Kombination verschiedener dieser Merkmale bietet die Grundlage, um Ernährungsweisen früher Hominiden zu rekonstruieren, und führt bei neuen Funden zur Bestimmbarkeit auch einzelner, kleinster Zahnfragmente. Neben diesen gemeinsamen Merkmalen aller robusten Australopithecinen weisen die einzelnen Arten jedoch auch eigene Charakteristika auf.

Paranthropus aethiopicus

Aufgrund eines einzigen Schädelfundes, dem zahnlosen Exemplar WT 17 000 vom Westufer des Lake Turkana bei Lomekwi (Abb. 1, *black skull*) wurde diese Art 1985 von Alan Walker und Richard Leakey beschrieben. Sie lebte im Zeitraum vor 2,6 bis 2,3 Millionen Jahren. Der Schädel WT 17 000 besitzt den größten und massivsten Scheitelkamm, der je bei Hominiden gefunden wurde. Das Gehirn ist mit ca. 410 ccm relativ klein, das breite, flache Gesicht und der Kiefer wirken äußerst massiv. Da die hinteren Abschnitte des Schädels an die Anatomie von *Australopithecus afarensis* erinnern, liegt eine Mischung ursprünglicher und weiterentwickelter (abgeleiteter) Merkmale vor.

Paranthropus boisei

Als in Olduvai Gorge (Abb. 1) 1959 der erste frühe Hominide gefunden wurde, war die Überraschung groß: Der Schädel OH 5 (*Olduvai Hominid* 5) (Abb. 8) übertraf an Robustheit alle bis dahin bekannten Australopithecinen (*Paranthropus robustus* s. u.). Die geologisch ältesten Reste dieser Art stammen aus Nord-Malawi. Ein vom Hominiden-Korridor-Projekt in Malema (Abb. 1) 1996 ergrabenes Oberkieferfragment ist ca. 2,6–2,4 Millionen Jahre alt.

Ursprünglich wurde für den «Nußknacker-Mann» aus Olduvai Gorge eine neue Hominidengattung *Zinjanthropus* geschaffen. Mit dem heute zur Verfügung stehenden Fundmaterial und dem dadurch möglichen Überblick über die anatomischen Variabilitäten wird die Art *boisei*, die nach dem Hauptfinanzier der Leakeyschen Grabungen, dem Londoner Geschäftsmann Charles Boise benannt ist, der Gattung *Paranthropus* zugeordnet. Die Gehirngröße liegt mit 530 ccm Volumen leicht über der von *Paranthropus aethiopicus*. Das Gesicht ist sehr massiv, der Knochenkamm kräftig ausgeformt. Die Backenzähne sind teilweise über 2 cm breit.

Paranthropus robustus

Die Art wurde erstmals schon 1936 von Robert Broom aus Kromdraai (Abb. 1) beschrieben, über 10 Jahre später mit dem Schädel SK 48 (Abb. 8) auch aus Swartkrans (Abb. 1). Viele weitere Fragmente kamen seither hinzu, vor kurzem erst ein fast vollständiger Schädel von einer neuen Fundstelle in Südafrika, Drimolen, der alle anderen bekannten *Australopithecus robustus*-Schädel bei weitem übertrifft. Alle Funde sind zwischen 1,8 und 1,3 Millionen Jahre alt.

Das Gesicht von *Paranthropus robustus* ist typischerweise sehr breit. Der Vorderkopf ist flach, kräftige Überaugenwülste sind entwickelt. Im Gegensatz zu *Paranthropus aethiopicus* und – *boisei* ist der Scheitelkamm schwächer ausgebildet, wenn auch an den meisten Schädeln deutlich zu erkennen. Das durchschnittliche Gehirnvolumen beträgt 530 ccm. Die Schneide- und die Eckzähne sind relativ klein, verglichen mit den Mahlzähnen zum Beispiel im Unterkiefer.

Wenn auch von den übrigen robusten Hominiden keine «kulturellen» Hinterlassenschaften bekannt sind, ist zumindest für

Paranthropus robustus nachzuweisen, daß sie Termiten verspeisten und Knochenwerkzeuge zum Ausgraben unterirdischer pflanzlicher Speicherorgane, wie Knollen und Wurzeln, benutzten. Von Bob Brain in Swartkrans gefundene Knochenfragmente, die entsprechende Abnutzungsspuren zeigen, wurden nicht nur einmal, sondern mehrmals benutzt. Zwar handelte es sich hierbei nicht um gezielt hergestellte Werkzeuge, doch wurden die Grabwerkzeuge offensichtlich über viele Monate hinweg verwendet.

Die drei robusten Arten der Australopithecinen zeigen vor allem deutliche Unterschiede in der «Robustheit» der Schädel. So werden *Paranthropus boisei* und – *aethiopicus* als «hyperrobust» bezeichnet. Innerhalb der gesamten Gruppe vollzog sich also eine morphologische Entwicklung. Einige Modelle nehmen eine fortschreitende Änderung, das heißt eine Zunahme der Robustizität im Laufe der Zeit ein. Da jedoch *Paranthropus robustus* nur aus dem südlichen Afrika bekannt ist, geht die hier vertretene Ansicht von einem umgekehrten Szenario aus: Die «Robustheit» entstand im Zusammenhang mit zunehmender Trockenheit in Afrika vor ca. 2,5 Millionen Jahren relativ schnell und verlor sich im Laufe der Zeit bei *Paranthropus robustus* im südlichen Afrika in Abhängigkeit von Klimaverbesserungen nach ca. 2 Millionen Jahren allmählich wieder.

Die bereits erwähnte, weltweit in Tiefseesedimenten nachgewiesene Phase einer globalen Abkühlung, die vor ca. 2,8 Millionen Jahren begann und vor ca. 2,5 Millionen Jahren ihren Höhepunkt erreichte, brachte einschneidende Veränderungen mit sich. Während auf der nördlichen Hemisphäre die Eiszeit begann, nahm in Afrika die Jahresmitteltemperatur um ca. 5 Grad ab. Gravierender waren die Auswirkungen der einhergehenden Zunahme der Trockenheit (*Aridifizierung*), die zu einer geographischen Verlagerung der Vegetationsgebiete (Habitate) und der Lebensräume (Biome) führte. Die tropischen Biome verengten sich von Norden und Süden her äquatorwärts, die offenen Savannengebiete breiteten sich aus.

Einige Populationen der Stamm-Australopithecinen, wahrscheinlich Angehörige von *Australopithecus afarensis*, begannen den neuen Lebensraum auszunutzen. Sie hielten zunächst Verbindung zu den früchtereichen, wasserführenden Zonen, besonders während den Trockenzeiten, waren jedoch ebenso in der Lage, mit ihren Backenzähnen jene härtere Nahrung aufzuschließen, die in den offenen Lebensräumen während der günstigeren Jahreszeiten reichlich zur Verfügung stand.

Im Laufe der Zeit entwickelte sich bei diesen spezialisierten Hominiden ein sehr viel robusterer Gesichtsschädel und eine *megadonte* Bezahnung, um die härtere Nahrung der Savannen effizienter verarbeiten zu können. Spätestens vor 2,5 Millionen Jahren war *Paranthropus aethiopicus* im östlichen Afrika etabliert. Auch der weiterentwickelten Form *Paranthropus boisei* ging wahrscheinlich nie die ursprüngliche Verbindung zu den geschlosseneren Habitaten ihres Lebensraumes verloren, da diese Bereiche durch ihren Baumbestand nach wie vor Schutz, Schlafplätze und ein gewisses Maß an Nahrung bereithielten.

Erst vor ungefähr 2 Millionen Jahren begann in Afrika eine Umkehrentwicklung vom relativ kühlen und trockenen Klima hin zu etwas wärmeren und feuchteren Verhältnissen. Es folgte eine Phase der Ausweitung der äquatornahen tropischen Lebensräume (Biome). Dadurch wurden Wanderungsbewegungen vom Äquator weg entlang der nahrungsreichen Habitate in das südliche Afrika ermöglicht (*Paranthropus robustus*) (Abb. 10).

Vor ca. 1 Million Jahren hatten sich in Afrika einerseits spezialisierte Pflanzenfresser unter den Großsäugern (zum Beispiel Schweine und Antilopen), andererseits effiziente, durch effektive Werkzeuge unterstützte Allesfresser unter den Hominiden (Gattung *Homo* S. 72) etabliert. Die dadurch entstehende Nahrungskonkurrenz führte zum Aussterben der robusten Australopithecinen zu einer Zeit, als mit *Homo erectus* die Gattung *Homo* bereits ihren Siegeszug bis nach Asien und Europa angetreten hatte (S. 80).

Afrika – Die Urheimat des Menschen (*Homo*)

Fundorte und Fundgeschichte

Zur Zeit der Entdeckung des ersten *Australopithecus* 1924 waren mit *Pithecanthropus* (S. 81) die ältesten «Urmenschen» seit 1891 aus Asien bekannt. Als man akzeptierte, daß es einen afrikanischen Vormenschen gab, wuchs in den dreißiger Jahren auch die Hoffnung, nicht nur die Wiege der Vormenschen, sondern auch die der Urmenschen in Afrika belegen zu können. Heute gibt es nicht nur hierfür handfeste fossile Indizien, sondern es erscheint sogar sehr wahrscheinlich, daß selbst der moderne Mensch seinen Ursprung wiederum in Afrika hatte (S. 117).

Der bereits erwähnte Archäologe Louis Leakey war zeitlebens von den afrikanischen Wurzeln der Menschheit überzeugt. Bereits 1932 fand er erste Hinweise auf eine frühe Existenz der Gattung *Homo* in Afrika mit dem Fund eines Unterkieferfragments in Kanam an der Ostseite des Lake Victoria, das heute zu *Homo erectus* (S. 92) gerechnet wird. In Olduvai Gorge (*Bed* I, Alter ca. 1,8 Millionen Jahre) entdeckte Leakey später sehr ursprüngliche Gerölle, von denen Splitter abgeschlagen waren, Reste der von ihm so genannten Oldowan-Kultur (Abb. 1). Auf der Suche nach deren Produzenten tauchte 1959 zunächst *Zinjanthropus* auf (S. 37), der aber aufgrund seines geringen Hirnvolumens nicht als «Urmensch» überzeugte.

Jonathan Leakey fand aber kurz darauf, 1960, in derselben Fundschicht *Olduvai Hominid* 7 (OH 7), bestehend aus zwei sehr viel weniger robusten Schädelknochen mit dazugehörigem Unterkiefer (*Jonny's Child*) und einigen Handknochen. Aus der Wölbung der Schädeldach-Fragmente konnte ein Gehirnvolumen von 680 ccm berechnet werden, deutlich mehr als bei den robusten Australopithecinen.

Gemeinsam mit Phillip Tobias aus Johannesburg und dem

Spezialisten für Hand- und Fußanatomie, John Napier, taufte Louis Leakey 1964 mit diesem Fund die neue Art *Homo habilis*. Diese Bezeichnung («fähiger Mensch») wurde von Raymond Dart, dem Entdecker des *Taung-Babys* (S. 33) vorgeschlagen, da man nun endlich den Hersteller der Geröllwerkzeuge in Olduvai Gorge ausgemacht zu haben glaubte. Seither wurden in der ca. 40 km langen Olduvai-Schlucht zahlreiche Reste des *Homo habilis* geborgen: 9 Schädelreste, 4 Unterkieferfragmente, 19 Zähne und 8 Fragmente von Skelettpartien. Ein fast kompletter Schädel, ca. 1,8 Millionen Jahre alt, wenn auch stark verdrückt, ist *Twiggy* (OH 24), der 1968 gefunden wurde.

Ein weibliches Skelett und zugehörige Schädelteile und Zähne (OH 62) setzte Tim White 1986 aus vielen von ihm in Olduvai aufgespürten kleinen Fossilfragmenten zusammen. Dieser Fund zeigte deutlich, daß *Homo habilis* zwar wie der moderne Mensch aufrecht ging und ein größeres Gehirnvolumen besaß als alle Australopithecinen, jenen jedoch vor allem im Skelettbau sehr ähnlich war: Die ursprünglichen Annahmen von der Ähnlichkeit des Skelettbaus von *Homo habilis* zum modernen Menschen mußten stark revidiert werden. Seit 1995 wurden durch das Team des *Olduvai Landscape Palaeoanthropology Project* (OLAPP) unter Leitung von Rob Blumenschine und Fidel Masao zahlreiche weitere Funde bekannt.

Zwar wurde Anfang der sechziger Jahre von Yves Coppens bei Yayo (Tschad, Abb. 1) ein Unterkiefer gefunden, der ebenfalls aus der Ursprungszeit der Gattung *Homo* stammt. Jedoch war ein Jahrzehnt lang die Fundlage zu den frühesten Angehörigen der Gattung *Homo* ausschließlich durch die berühmten *Olduvai-Hominiden* geprägt. In dieser Zeit und noch lange danach spielte und spielt daher *Homo habilis* in vielen Hypothesen eine fast unverrückbare und zentrale Rolle. Erst mit Beginn des *Koobi Fora Research Projects* in Kenia unter Leitung von Richard Leakey, dem Sohn Louis Leakeys, kam wieder Bewegung in die Forschungen zum Ursprung der Gattung *Homo*. Aus den zahlreichen Fundstellen Koobi Foras am Ostufer des Turkana-Sees (Abb. 1) wurden seit 1970 9 zum Teil gut erhaltene Schädel (Abb. 9), 10 Unterkiefer, 6 Zähne und 5 Fragmente von Skelett-

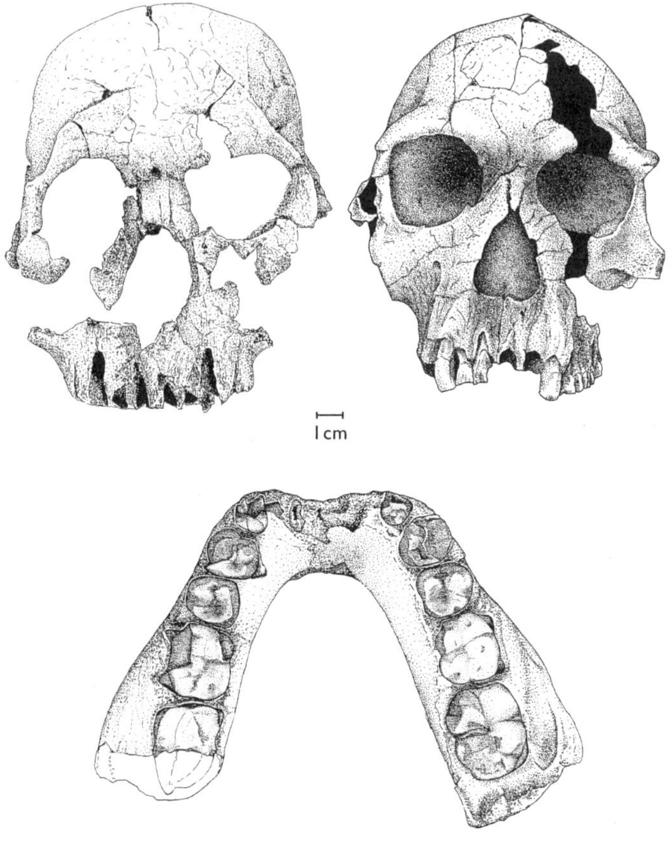

Abb. 9: Urmenschen. Oben links: Schädel KNM-ER 1470 aus Koobi Fora, Kenia (Alter ca. 1,9 Mio. Jahre), *Homo rudolfensis*; oben rechts: Schädel KNM-ER 1813 aus Koobi Fora, Kenia (Alter ca. 1,9 Mio. Jahre), *Homo habilis;* unten: Unterkiefer UR 501 aus Uraha, Malawi (Alter 2,5–2,4 Mio. Jahre)

partien entdeckt, die Ähnlichkeiten mit *Homo habilis* aufweisen. Auch ihr Alter von 1,9–1,8 Millionen Jahren entspricht dem der Olduvai-Funde. Allerdings fiel von Anfang an auf, daß die anatomische Variabilität sehr groß ist. Wahrscheinlich wären für die Funde aus Koobi Fora mindestens zwei Arten beschrieben worden, hätte es damals den prominenten *Homo habilis* aus Olduvai Gorge noch nicht gegeben.

Erst 1986 wagte es dann der russische Paläontologe Valerii Alexeev, eine zweite Art, *Homo rudolfensis,* in Koobi Fora zu benennen, hauptsächlich aufgrund des berühmten Schädelfundes KNM-ER 1470 (Abb. 9) aus dem Jahre 1972, der ein Schädelvolumen von 775 ccm aufweist (S. 64). Aufgrund dieses Fundes kam Richard Leakey zu dem Schluß, daß der Ursprung der Gattung *Homo* mindestens 2,5 Millionen Jahre zurückliegt. Zwar stellte sich die zugrundeliegende Datierung als fehlerhaft heraus, und der Schädel KNM-ER 1470 ist nicht älter als 1,8 Millionen Jahre, er sollte aber dennoch recht behalten: Die mit 2,5–2,4 Millionen Jahren ältesten Reste der Gattung *Homo*, die 1991 in Malawi auftauchten (Abb. 9, S. 68), bestätigen nicht nur seine Hypothese, sondern auch die Existenz der Urmenschen-Art *Homo rudolfensis* schon vor der Entstehung von *Homo habilis* (S. 63).

Durch die bereits erwähnte *International Omo Research Expedition* (S. 39) wurden eine Vielzahl von Einzelzähnen aus dem Gebiet des Omo-Flusses bekannt, die aufgrund fehlender Schädel- und Skelettzusammenhänge nur schwer einzuordnen sind. Nach vergleichenden Untersuchungen von Fernando Ramirez Rozzi an der Feinstruktur des Zahnschmelzes dieser Zähne ist vor etwas mehr als 2 Millionen Jahren (*Member* G und H der Shungura-Formation) eine frühe Art der Gattung *Homo*, wahrscheinlich *Homo rudolfensis,* dort vertreten, ebenso wie in Chemeron, Kenia (Abb. 1).

Im südlichen Afrika wurden in den siebziger Jahren aus den Australopithecinen-Fundstellen Hominiden-Fossilien zutage gefördert, die aufgrund ihrer Anatomie weder zu den Vormenschen noch zum späteren *Homo erectus* gerechnet werden können. Hierzu gehört ein Schädelfund von 1976 (StW 53) aus Sterkfontein (Abb. 1) (Alter ca. 2–1,5 Millionen Jahre) und ein als SK 847 inventarisierter Rest eines Gesichtsschädels aus Swartkrans, ein Stück mit interessanter Geschichte: Bereits zwischen 1949 und 1952 wurden mehrere, nicht besonders aussagefähige Hominidenbruchstücke gefunden und unter verschiedenen Katalognummern inventarisiert. Erst über 15 Jahre später bemerkte Ron Clarke, daß die Fragmente aneinander paßten. Die dann möglichen Vermessungen und Rekonstruktionen ließen die Einordnung des zusammengesetzten Fundes als frühen *Homo*, möglicherweise *Homo habilis,* zu.

So war die Fundlage für die frühesten Reste der Gattung *Homo* in den achtziger Jahren durch zwei große Wissenslücken gekennzeichnet: Eine geographische Fundlücke von mehreren tausend Kilometern bestand zwischen den Fundstellen des südlichen und des östlichen Afrika, und kein *Homo*-Fund war bekannt, der wesentlich älter als 2 Millionen Jahre war. Fossilführende Sedimentgesteine dieses Alters sind in Afrika sehr viel seltener überliefert als ältere und jüngere Schichten.

In dieser Situation nahm das deutsch-amerikanisch-malawische *Hominid Corridor Research Project* (HCRP), gemeinsam geleitet vom Autor dieses Buches und von Tim Bromage, New York, seine Forschungsarbeiten in Malawi auf. Das Prospektionsgebiet erfüllte alle Voraussetzungen, um die Fragen nach dem Ursprung der Gattung *Homo* beantworten zu können. So sind Sedimente eines Alters von 3–2 Millionen Jahren zugänglich, die in einem vermuteten Hominiden-Korridor im Afrikanischen Rift ungefähr in der Mitte zwischen Ost- und Südafrika liegen und Wirbeltierfossilien enthalten. Dieser Korridor war aus Gründen der Wasserversorgung und der Geographie als schmalste mögliche Wanderroute zwischen den weit auseinanderliegenden Hauptfundgebieten anzunehmen.

Ziel des Hominiden-Korridor-Projektes war daher die Rekonstruktion der geologischen, paläontologischen und ökologischen Entwicklung dieses Korridor-Gebietes im späten Pliozän. Durch Hominiden-Reste wurden entscheidende Erkenntnisse zu Evolution und Verteilung der frühen Hominiden (*Australopithecus* und früher *Homo*) und die Rekonstruktion von Ausbreitungswegen erhofft. Nach zahlreichen Funden fossiler Tiere, unter anderem von Antilopen, Schweinen, Giraffen, Elefanten, Pavianen, Flußpferden, Schildkröten und Krokodilen, war die Datierung der Schichten auf ca. 2,5–2,4 Millionen Jahre geklärt.

Bei Uraha wurde 1991 der Unterkiefer eines frühen Hominiden (UR 501, Abb. 9) geborgen, der anatomische Ähnlichkeiten sowohl mit *Australopithecus afarensis* als auch mit *Homo erectus* und mit den robusten Australopithecinen aufwies. Ein fehlendes Viertel des zweiten rechten Backenzahnes wurde ein Jahr später in minutiöser Arbeit aufgestöbert. Der jetzt vollständige Zahn trug aufgrund der so möglichen Analyse sämtlicher Zahnhöcker wesentlich zur Einordnung des Fundes als Rest der Art *Homo rudolfensis* (S. 70) und damit als bislang ältester Nachweis der Gattung *Homo* bei.

Homo rudolfensis: Die ersten Urmenschen

Der ersten Beschreibung von *Homo habilis* 1964 (S. 63 f.) aus Olduvai Gorge, einer Übergangsform zwischen *Australopithecus* und *Homo erectus,* wurde große Skepsis entgegengebracht. Die Unterschiede zu den Australopithecinen seien zu gering und zu *Homo erectus* zu groß, um die Eingruppierung in die Gattung *Homo* zu rechtfertigen, hieß es. Bislang wurden in Afrika fast 200 Hominidenfragmente gefunden, die im weitesten Sinne zu den Urmenschen der Gattung *Homo* zu rechnen sind. Dabei handelt es sich um etwa 40 Individuen. Trotz oder auch wegen aller neuen Funde ist der Ursprung der Gattung *Homo* aber in der Paläoanthropologie eine der am stärksten umstrittenen Fragen.

Eines der wichtigen Merkmale, um *Homo habilis* von Australopithecinen und *Homo erectus* (S. 93) abzugrenzen, war, daß die Anatomie der *Homo habilis*-Hand- und Fußknochen sowie des Schlüsselbeins kaum von *Homo sapiens* zu unterscheiden sei. Diese Interpretation unterstützte die Ausdeutung von *Homo habilis* als frühen, aber fähigen Menschen im Gegensatz zu den grobschlächtigen Australopithecinen. Die Skelettfunde 1986 in Olduvai Gorge (OH 62) (S. 64) zeigten, daß das Skelett von *Homo habilis* tatsächlich aber weitgehend dem von *Australopithecus* entspricht. Als wichtigster Unterschied zu den Australopithecinen bleibt danach das absolut und auf das Körpergewicht bezogen auch relativ höhere Gehirnvolumen von

Homo habilis. Die Stirn ist steiler und ein Überaugenwulst nur schwach ausgebildet.

Durch immer mehr Funde, vor allem aus Koobi Fora, nahm die Variabilität innerhalb der *Homo habilis* zugeordneten Formen immer stärker zu. Während die anatomischen Merkmale dieser Form in Olduvai Gorge recht einheitlich ausgebildet sind, entzündete sich die Diskussion immer wieder an zwei extrem unterschiedlichen Schädeln aus Koobi Fora: KNM-ER 1470 und KNM-ER 1813 (Abb. 9). Ein Teil des paläoanthropologischen Lagers ist bereit, die deutlichen Unterschiede als Ausdruck der Variabilität innerhalb von *Homo habilis* anzusehen. Dafür werden Geschlechtsunterschiede angeführt, 1470 sei der männliche, 1813 der weibliche Schädel. Zu den Vertretern dieser Ansicht gehört beispielsweise Phillip Tobias, Johannesburg, einer der Erstbeschreiber von *Homo habilis.*

Unter Einbeziehung aller *Homo habilis*-Funde aus Koobi Fora in eine umfassende Merkmalsanalyse stellte Bernard Wood aus Liverpool Anfang der neunziger Jahre fest, daß die Unterschiede nicht nur in den typischerweise geschlechtsspezifisch variierenden Merkmalen auftreten, sondern quer durch den gesamten Bauplan vorkommen. So sind für ihn zwei Gruppen deutlich zu unterscheiden. Der Schädel 1813 ist der «Prototyp» der einen Gruppe, die der ursprünglichen Beschreibung von *Homo habilis* aus Olduvai Gorge nahekommt; die neue Gruppe wird von dem Schädel KNM-ER 1470 angeführt, für die es in Olduvai Gorge keine vergleichbaren Funde gibt. Zusammen mit dem Schädel KNM-ER 1813 wurde etwa die Hälfte des *Homo*-Fundmaterials aus Koobi Fora in der Art *Homo habilis* belassen, die andere Hälfte sollte den Grundstock für die Definition einer neuen Art bilden.

Nun hatte aber der russische Paläontologe Valerii Alexeev bereits 1986 aus ähnlichen Überlegungen heraus den Schädel KNM-ER 1470 mit der Bezeichnung *Pithecanthropus (Homo) rudolfensis* belegt, in Anspielung auf den früheren Namen des heutigen Lake Turkana, der ursprünglich nach dem österreichischen Thronfolger benannt war. Da dieser Schädel auch im Modell Bernard Woods als Hauptfigur einer neuen Art vorgesehen war, hatte der bereits vergebene Name *Homo rudolfensis* Priorität für die Bezeichnung der neuen Art. Nicht nur die Hälfte des Koobi Fora-Materials gehört zu *Homo rudolfensis*, sondern auch der Unterkiefer aus Malawi war damit namenstechnisch eingruppiert, obwohl er von den Ufern des Malawisees stammt: Die Untersuchung des Unterkiefers von Malawi zeigte, daß er eindeutig zu der von Bernard Wood abgegrenzten neuen *Homo*-Art gehört.

So werden also jetzt zwei frühe *Homo*-Arten unterschieden, deren Fundlage sich wie folgt darstellt:

Homo rudolfensis (2,5–1,8 Millionen Jahre):
Uraha (Malawi) (Abb. 9), Chemeron, Koobi Fora (Kenia) (Abb. 9), Omo (Äthiopien)

Homo habilis (2,1–1,5 Millionen Jahre):
Koobi Fora (Kenia) (Abb. 9), Olduvai Gorge (Tansania), Sterkfontein (Südafrika)

Die wichtigsten Unterscheidungsmerkmale dieser Arten sind:

	Homo rudolfensis	*Homo habilis*
Gehirnvolumen	ca. 750 ccm	ca. 610 ccm
Überaugenwulst	fehlt	leicht entwickelt
obere Vorbackenzähne	3 Wurzeln	2 Wurzeln
untere Vorbackenzähne	2 Wurzeln	1 Wurzel
untere Backenzähne	breite Kronen	schmale Kronen
Weisheitszahn	verkleinert	nicht verkleinert
Extremitäten	?	Pongiden-ähnlich
Oberschenkel	*Homo*-ähnlich	wie *Australopithecus*
Fuß	*Homo*-ähnlich	wie *Australopithecus*

Verwirrend an diesem Ergebnis ist die Vermischung menschen- und australopithecinenähnlicher Merkmale bei beiden Arten. Während *Homo rudolfensis* ein ursprüngliches Gebiß auweist, dafür aber im Fortbewegungsapparat schon *Homo*-ähnlich erscheint, zeigt *Homo habilis* mit reduzierten Zahnwurzeln ein fortschrittlicheres Gebiß, ist aber im Skelettbau eher den Menschenaffen ähnlich als dem Menschen. Bis heute ist es nicht möglich, dieses Puzzlespiel zu lösen. Es fehlen noch sowohl die Bindeglieder dieser Arten zu den Australopithecinen als auch zum späteren *Homo erectus*. Die Frage nach dem Ursprung der Gattung *Homo* ist also mit den vorhandenen Fossilien allein auf anatomischer Grundlage nicht zu beantworten.

Daher wird im folgenden ein klimageographisches Szenario (Abb. 10) vorgestellt, das nicht allein von der Anatomie der Fossilienfunde ausgeht, sondern den geographischen Lebensraum der Hominiden und dessen ökologische Entwicklung einbezieht. Hierbei wird davon ausgegangen, daß neue Hominidenarten stets im äquatorialen tropischen Bereich ihren Ursprung nahmen. Voraussetzung für die Entstehung einer neuen Art ist die räumliche Abtrennung einer Teilpopulation der ursprünglichen Art. Die geographische Isolation führt dazu, daß sich bei der Teilpopulation die für den neuen Lebensraum günstigen Merkmale genetisch durchsetzen können. Die mosaikartige, kleinräumige Habitat-Gliederung des Lebensraums in den Tropen bietet zumindest statistisch bessere Voraussetzungen für geographische Isolation von Populationen und führt daher mit höherer Wahrscheinlichkeit zur Bildung neuer Arten als die eher weiträumigen Habitate des gemäßigten Bereichs.

Aus dem *Australopithecus afarensis* des östlichen Afrika ging vor ca. 2,5 Millionen Jahren die robuste Linie mit *Australopithecus boisei* und *aethiopicus* hervor (S. 58, Abb. 8). Diese Entstehung der robusten Vormenschen ging einher mit zunehmend trockenerem Klima und einer tiefgreifenden Änderung der Nahrungsgrundlagen, bedingt durch eine globale Abkühlungsphase. Da zunehmend harte Pflanzennahrung zur Verfügung stand, war der von den robusten Australopithecinen durch mächtige Zähne und große Kaumuskeln zum kräftigen Mahlwerk perfektionierte Kauapparat gut geeignet, das Überleben, zumindest eine Zeitlang, zu sichern.

Ein spannendes Kapitel in der Evolution des Menschen folgt aus der Tatsache, daß die frühesten Vertreter der Gattung *Homo*

(*Homo rudolfensis*) zur selben Zeit wie die robusten Australopithecinen, nämlich vor ca. 2,5 Millionen Jahren, im östlichen Afrika entstanden. Aus der Gleichzeitigkeit der Ereignisse kann nur der Schluß gezogen werden, daß es zur Entwicklung eines hyperrobusten Kauapparates offensichtlich eine Alternative gab, die ebenfalls dazu geeignet war, die bei steigender Trockenheit zunehmend härtere Nahrung zu zerkleinern. Diese Alternative war der Beginn der Werkzeugkultur.

Werkzeuge im Sinne von Hilfsmitteln sind zwar im Tierreich und vor allem bei den höheren Primaten weit verbreitet. Aber unter dem Druck des Umweltproblems vor 2,5 Millionen Jahren war es offensichtlich gerade die Fähigkeit der Hominiden zu kulturellem Verhalten, die die Gattung *Homo* entstehen ließ. Aber mehr noch war es die «evolutive Strategie», alles auf diese eine Karte zu setzen. Auch die späten robusten Australopithecinen benutzten Knochenwerkzeuge (S. 60), jedoch war es deren hauptsächliche Evolutionsstrategie, den Umweltbedingungen durch zunehmende körperliche Überspezialisierung zu begegnen. Im Gegensatz dazu ist der große Vorteil der Gattung *Homo* die Beibehaltung eines eher unspezialisierten und daher viele Entwicklungsmöglichkeiten bietenden Körperbaus in Kombination mit einer kulturellen Spezialisierung.

Die anfängliche Benutzung von Steinwerkzeugen zum Hämmern harter Nahrung brachte bald Vorteile in unvorstellbarem Ausmaß: Zufällig entstehende scharfkantige Abschläge wurden als Schneidewerkzeuge eingesetzt. Dies revolutionierte die Fleischbearbeitung und die Zerlegung der Beutekadaver. Die Anpassung von *Homo rudolfensis* an die Klima- und Habitat-Veränderungen ging einher mit der Entwicklung eines größeren und leistungsfähigeren Gehirns. Hierbei vollzog sich ein Wechsel zur Aufnahme einer weniger abriebstarken Nahrung mit zunehmender Tendenz zu einer omnivoren (allesfressenden) Ernährungsweise.

Die beginnende Werkzeugkultur überdeckte die Auswirkungen des Klimawechsels bis zu dem Punkt, als *Homo rudolfensis* andere Nahrungsquellen besser als jede andere Hominidenart jemals zuvor nutzen konnte. So gewannen die Urmenschen durch den systematischen Einsatz von Steinen zur Zerkleinerung der harten Pflanzennahrung einen unermeßlichen Vorteil gegenüber allen anderen Hominiden: eine langsam zunehmende Unabhängigkeit von direkten Umwelteinflüssen. Obwohl «typisch menschliches» Verhalten wie Bewußtsein, Kunst oder Musik nicht einmal in Anfängen nachweisbar ist, wird hiermit der Beginn der Gattung *Homo* verknüpft. Die zunehmende Unabhängigkeit vom Lebensraum führt von diesem Zeitpunkt an unweigerlich zu wachsender Abhängigkeit von den benutzten Werkzeugen – ein Dilemma, das den Menschen bis zum heutigen Tag charakterisiert.

Homo habilis: Das Schicksal des *Australopithecus africanus*

Gleichzeitig hatte der Klimawandel auch starke Auswirkungen auf die Beschaffenheit und die geographische Verteilung besiedelbarer Vegetationsgebiete (Habitate) und großflächiger Lebensräume (Biome). Bis zu dieser Zeit war zum Beispiel die «Sambesi-Ökozone» ein keilförmiges Gebiet zwischen der tropischen und der gemäßigten Zone mit einem hohen Anteil an Tierarten, die sowohl im südlichen als auch im östlichen Afrika heimisch waren. Vor ca. 2,5 Millionen Jahren breiteten sich die Grasland-Biome äquatorwärts aus, die Waldbiome schrumpften. In der gemäßigten Zone stellten sich ausgeprägte Jahreszeitenextreme ein. Viele Organismen behielten ihre Vorliebe für schwache jahreszeitliche Änderungen und die Vegetation des subtropischen Klimas dadurch bei, daß sie zusammen mit dem schrumpfenden Biom äquatorwärts wanderten. Hierunter ist keine aktive Wanderung (*Migration*) zu verstehen, sondern eine passive Verlagerung des Lebensraumes.

Unter diesen «passiven Migranten» war auch *Australopithecus africanus* (Abb. 10), der in dem temperierten Klima des südlichen Afrika lebte. Die für die Art geeigneten Habitate hatten sich nach einer halben Million Jahre kontinuierlicher Zunahme der Trockenheit und Abkühlung dem afrikanischen Rift-Valley zu nach Norden verlagert. Im Verlauf seiner Existenz im südlichen Afrika wurde also für *Australopithecus africanus* die Veränderung des Klimas ebenso spürbar wie für *Australopithecus afarensis* im östlichen Afrika.

Einige Populationen des *Australopithecus africanus* blieben in ihrem Lebensraum im südlichen Afrika heimisch. Andere konnten durch passive Wanderung ihr spezifisches Habitat, die bewaldeten Gebiete, als Lebensraum beibehalten und breiteten sich entlang des Uferzonen-Korridors im Malawi-Rift nach Norden aus.

Im Verlauf dieser Ausbreitung in Richtung auf den ostafrikanischen tropischen Bereich (Abb. 10) stand in dem neuen Biom eine höhere Vielfalt an nicht-vegetarischer Nahrung zur Verfügung. Die Selektion führte zu einer stärkeren Flexibilität des Verhaltens in dem neuen Lebensraum. Hierbei entstand als Nachfahre des *Australopithecus africanus* die Art, die durch die knapp über 2 Millionen Jahre alten Funde des *Homo habilis* im östlichen Afrika (zum Beispiel in Olduvai Gorge) dokumentiert ist. Die neue Art etablierte sich rasch als eindeutiger Omnivore, der sich durch die Entwicklung einer Werkzeugkultur nicht nur gezielt Vorteile bei der Nahrungsbeschaffung sichern, sondern auch vor Umweltveränderungen schützen und dadurch Lebensraumgrenzen leichter überwinden konnte.

Homo habilis ist also auf *Australopithecus africanus* des südlichen Afrika zurückzuführen. Nur scheinbar widerspricht dies der Hypothese, daß alle Hominiden-Arten im tropischen Bereich des östlichen Afrika entstanden sind. Denn der Entstehung von *Homo habilis* ging die Wanderung einer Teilpopulation von *Australopithecus africanus* in den tropisch-äquatorialen Lebensraum voraus (Abb. 10). Allerdings stellen sich mit dieser Hypothese zwei Probleme: Erstens war die Gattung *Homo* im östlichen Afrika bereits eine halbe Million Jahre früher entstanden, und zweitens existiert *Homo habilis* vor ca. 1,7 Millionen Jahren wieder in Südafrika.

Es wäre also durchaus denkbar, daß eine erste Phase des Menschseins im Sinne einer zunehmenden Unabhängigkeit von Umwelteinflüssen durch Werkzeugbenutzung mehrmals unabhängig voneinander erreicht wurde. Dies ist vor allem dann an-

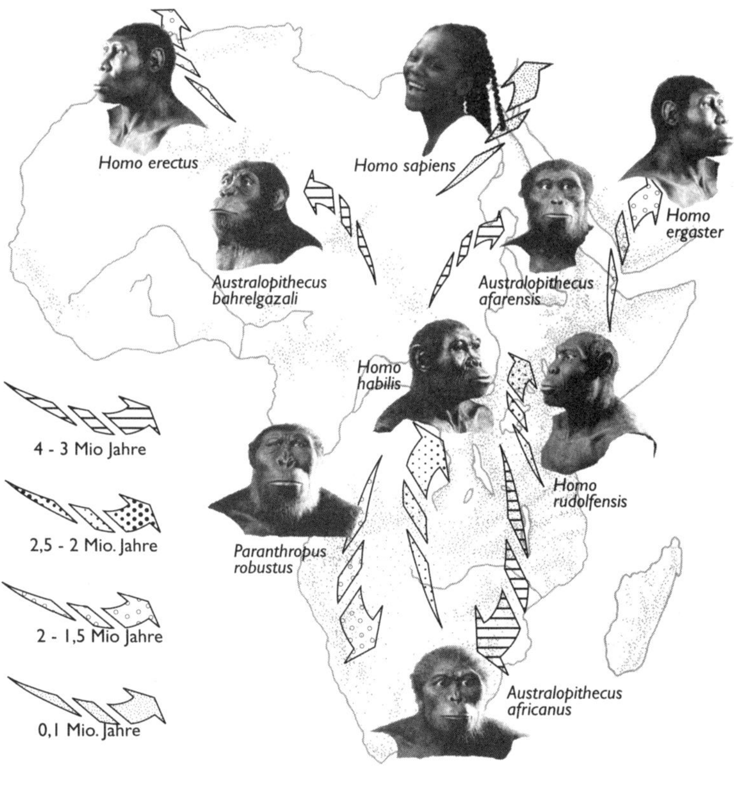

Abb. 10: Klimaabhängige Migrationen der frühen Hominiden

zunehmen, wenn für die Geröllgeräte-Kultur in Olduvai Gorge kein anderer Produzent als *Homo habilis*, zum Beispiel ein noch nicht entdeckter *Homo rudolfensis,* in Frage kommt. Das notwendige Entwicklungspotential kann jedenfalls sowohl bei *Australopithecus afarensis* des östlichen als auch bei dem von ihm abstammenden *Australopithecus africanus* des südlichen Afrika vorausgesetzt werden. Entsteht daher nach der hier vorgestellten Hypothese die Gattung *Homo* mit *Homo rudolfensis* im östlichen Afrika, muß die Art *Homo habilis* als *Australopithe-*

cus habilis der Gattung *Australopithecus* zugeordnet werden (Abb. 19), denn ein doppelter Ursprung der Gattung *Homo* ist unwahrscheinlich.

Vor ungefähr 2 Millionen Jahren begann in Afrika eine Umkehrentwicklung von relativ kühlem und trockenem Klima zu etwas wärmerem und feuchterem. Es folgte eine Phase der Ausweitung der entsprechenden Lebensräume. Hierdurch wurden Wanderungsbewegungen vom Äquator in das südliche Afrika möglich. Fast eine Million Jahre relativer Abgeschlossenheit im tropisch-äquatorialen Bereich, die dort durch Artneubildungen gekennzeichnet war, endete. *Australopithecus boisei* breitete sich im südlichen Afrika aus und entwickelte sich zu *Australopithecus robustus* (S. 59). *Australopithecus (Homo) habilis* expandierte gleichfalls in die gemäßigte Zone des südlichen Afrika (Abb. 10), behielt jedoch einen ökologisch wesentlich umfassenderen Lebensraum bei und vergrößerte sein Verbreitungsgebiet. Hierbei entstand keine neue Art, sondern lediglich eine geographische Variante der ostafrikanischen Form.

Homo rudolfensis blieb im östlichen tropischen Afrika heimisch, teilweise wegen seiner Vorliebe für offene Habitate im Bereich des Regenschattens des afrikanischen Rift-Valleys, teilweise vielleicht auch wegen einer sich entwickelnden Lebensraumkonkurrenz zu *Australopithecus (Homo) habilis.* Aus *Homo rudolfensis* entwickelte sich vor ca. 1,8 Millionen Jahren *Homo ergaster* («Handwerker»), die frühe afrikanische Variante des *Homo erectus.*

Das vorgestellte Szenario der frühen Evolution der Gattung *Homo* entbehrt nicht einer gewissen ökozentrierten Sichtweise. Organismen, auch Hominiden, existieren aber als biologische Konstruktionen, die nur in spezifischen Habitaten lebensfähig sind. Daher sind Habitat und Habitatänderung zur Charakterisierung einer Art, auch einer Hominiden-Art, und ihrer Evolution ebenso wichtig wie anatomische Merkmale.

Die biogeographische Perspektive erlaubt das Erkennen grundlegender Mechanismen der Evolution, unabhängig davon, mit welchen Gattungs- und Artbezeichnungen die jeweiligen Hominiden belegt werden. Die Probleme um den Ursprung der

Gattung *Homo* wären formal gelöst, würde auch *Homo rudolfensis* der Gattung *Australopithecus* zugeordnet. Dann wäre die Gattung *Homo* beginnend mit *Homo ergaster* oder *Homo erectus* (S. 80) von Anfang an durch ein besonders großes Gehirnvolumen charakterisiert. Die lebensraumabhängigen Entwicklungen und Wanderungsbewegungen der Arten *rudolfensis* und *habilis* hätten sich dann aber nicht anders, sondern eben lediglich innerhalb der Gattung *Australopithecus* abgespielt.

Lebensweise der Urmenschen

Obwohl nur Knochen- und Zahnfragmente der Urmenschen erhalten geblieben sind, bieten sich Möglichkeiten, ihre Lebensweise zu interpretieren und zu rekonstruieren. Mit der Gattung *Homo* tauchen zum ersten Mal in der Geschichte der Menschwerdung auch kulturelle Hinterlassenschaften auf.

Die ältesten Steinwerkzeuge sind aus Äthiopien und Tansania bekannt. Wenig östlich der Hominidenfundstellen von Hadar in Äthiopien (S. 40), bei Gona, wurden 1977 sehr ursprüngliche Geröllwerkzeuge (*Pebble tools*) vom Oldowan-Typ (S. 98) entdeckt, die ca. 2,6 Millionen Jahre alt sind. Auch entsprechende Entdeckungen am Westufer des Turkana-Sees (Abb. 1) bestätigen, daß vor ca. 2,5 Millionen Jahren die ersten Werkzeugkulturen etabliert waren – zeitgleich mit der Entstehung der Gattung *Homo* (*Homo rudolfensis*). Die überlieferten Geröllgeräte (*Pebble tools*) sind von natürlich entstandenen Geröllen kaum zu unterscheiden. Am Anfang dürfte es sich um gezielt verwendete Steine gehandelt haben, die zum Öffnen hartschaliger pflanzlicher Nahrung verwendet wurden. In der robusten Linie wird also das vorhandene anatomische Entwicklungspotential auf dem Wege der *biologischen Evolution* bis ins Extreme ausgeschöpft, in der Gattung *Homo* wird aber mit dem Beginn der Werkzeugkultur ein Potential ganz neuer Qualität eröffnet: die – wie wir als *Homo sapiens sapiens* heute wissen – fast unermeßlichen Weiten der *kulturellen Evolution*.

Eine wesentliche Voraussetzung für die kulturelle Evolution muß in der Verfeinerung der Kommunikationsmöglichkeiten bei der Gattung *Homo* gelegen haben. Zwar muß auch bei *Australopithecus* eine funktionierende Verständigung möglich gewesen sein, wie dies für die hohen Primaten generell gilt. Die differenzierten Nuancen kultureller Erscheinungen setzen aber ein ebenso differenziertes Kommunikationsmedium voraus: die Sprache. Nur mit Hilfe der Sprache ist es möglich, kulturelle Erfahrungen zu tradieren und weiterzugeben, von Individuum zu Individuum und von Generation zu Generation.

Einen vorsichtigen Hinweis darauf, daß die Anfänge der Sprache bereits bei den ersten Urmenschen zu suchen sind, geben nach Ansicht von Phillip Tobias einige der Innenausgüsse (Endocranialausgüsse, S. 33) von Schädelknochen des *Homo habilis*: Die beiden für die Sprache des Menschen wichtigen Gehirnzentren auf der Oberfläche der linken Gehirnhälfte, das Wernicke-Zentrum und das Broca-Zentrum, waren andeutungsweise bereits vorhanden.

Bei der Gattung *Homo* ist ein ausgeprägter Unterschied zwischen männlichen und weiblichen Individuen (Sexualdimorphismus) nicht mehr in der Stärke wie bei den Australopithecinen nachweisbar. Hieraus läßt sich im Umkehrschluß zu Beobachtungen an heute lebenden Menschenaffen schließen, daß sich das Sozialverhalten verändert hat. Die Zeit der Empfängnisbereitschaft begann sich zu verlängern, so daß schließlich eine ständige sexuelle Paarungsbereitschaft des Weibchens bestand, die vom Menstruationszyklus unabhängig war. Es entstand ein Anreiz für die männlichen Gruppenmitglieder, Paarbindungen einzugehen, die weitreichende Bedeutung für die Versorgung des an Zahl rasch wachsenden Nachwuchses hatten. Hieraus ergeben sich Vorteile für das Verhalten der Hominiden und die erste Entwicklung gesellschaftlicher Verhältnisse, zum Beispiel bei der Nahrungsteilung.

Die ersten Urmenschen lebten in kleineren Verbänden. Neben dem Sammeln pflanzlicher Nahrung kam der Fleischbeschaffung eine immer stärkere Bedeutung zu. Die Anfänge der Jagd können allerdings aus dieser Zeit noch nicht durch Funde, beispielsweise von Wurfwaffen, bestätigt werden. Anstatt Großwildjagden zu veranstalten, verließen sich die frühen Urmenschen auf ihre Fähigkeiten, Kadaver aus Raubtierrissen oder von verendetem Wild aufzutreiben: Die ersten Urmenschen waren keine Jäger, sondern Aasfresser. Sowohl aus Olduvai Gorge als auch aus Koobi Fora sind Zerlegungsplätze von Großwild bekannt. Dort wurden manche Steingeräte zwischen den teilweise noch im anatomischen Verband erhaltenen Tierknochen gefunden, einige Knochen wiesen auch Schnittmarken auf. Eine Interpretation dieser Befunde geht dahin, daß schon vor fast 2 Millionen Jahren eine gesellschaftliche Arbeitsteilung bestanden habe: Das Fleisch sei von den männlichen Mitgliedern der Gruppe herangeschafft und gemeinsam an einer Stelle, die als vorübergehender Lebensort (*Home base*) der Gruppe diente, geteilt worden.

Spätestens vor 2 Millionen Jahren verließen demnach die ersten Frühmenschen zum ersten Mal den afrikanischen Kontinent (Abb. 10, 15). Dies stimmt gut überein mit klimageographischen Daten aus dem Gebiet der Levante, die für diese Zeit die Ausdehnung der an Nahrung reichen Lebensräume belegen, die zunächst zu einer langsamen Ausbreitung der Frühmenschen geführt haben dürfte. Die ressourcenreichen Flusstäler erlaubten später ein rasches Vordringen der Hominiden auch in steppenartige Landschaften Asiens. Vor allem die mannigfaltige Vegetation und der Wildreichtum der Tränkstellen sicherten dort ihr Überleben. Die ca. 1,8 Millionen Jahre alten Schädel- und Unterkieferfunde aus Dmanisi (Georgien) (S. 88) zeigen sehr ursprüngliche Merkmale, die darauf hindeuten, daß die fast endlose Geschichte der immer wieder neuen Auswanderungen aus Afrika vielleicht schon mit *Homo rudolfensis* begann und nicht erst mit seinem erfolgreichen Nachkommen *Homo erectus*.

Der Siegeszug des Frühmenschen
Homo erectus

Lange bevor in Afrika die ersten Vormenschen-Funde auftauchten, wurde Asien als Zentrum der Menschwerdung angesehen. Da das wissenschaftliche Weltbild aber zunächst von Europa aus bestimmt wurde, hatten die Entdecker der asiatischen Hominiden-Reste mindestens ebenso stark mit Vorurteilen, auch aus den eigenen Reihen, zu kämpfen wie die Kollegen in Afrika Jahrzehnte später.

Um Europa und vor allem England als Ursprungsort des Menschen zu retten, wurde sogar eine inzwischen berühmt gewordene Fälschung inszeniert: 1913 wurde in einer Kiesgrube bei Piltdown in England ein «Fossil» geborgen, das aus einem Hirn-Schädel eines modernen Menschen und dem Unterkiefer eines Orang-Utans zusammengesetzt war. Möglicherweise sollte es ein Scherz sein, da jeder Fachstudent die Fälschung sofort hätte erkennen können. Jedoch wurde das Stück von den größten Anatomen Englands als wissenschaftliche Sensation gehandelt und jahrelang als echt verteidigt. Der Fund entsprach genau dem herrschenden wissenschaftlichen und politischen Weltbild.

Die Piltdown-Fälschung war der Versuch, die damals aus Asien bereits bekannten ersten Frühmenschen-Reste (*Homo erectus*) an Ursprünglichkeit zu überbieten und mithin ihre Stellung innerhalb der Entwicklungsgeschichte des Menschen herabzustufen. Die weitere Suche in Asien wurde dadurch jedoch auch entscheidend angespornt. Diese Unternehmungen waren nicht nur erfolgreich – es sollte noch besser kommen: Noch ursprünglichere Hominiden-Reste tauchten mit den Australopithecinen kurz darauf in Afrika auf (S. 33).

Fundorte und Fundgeschichte in Asien

Südostasien

Eine geradezu unglaubliche Geschichte ist die Entdeckung der ersten Hominiden außerhalb Europas am Ende des letzten Jahrhunderts. Während Charles Darwin die Wiege der Menschheit in Afrika vermutete, war der deutsche Zoologe Ernst Haeckel davon überzeugt, daß es als Bindeglied zwischen den Menschenaffen und den Menschen sogenannte Affenmenschen gegeben haben muß, die in einem heute untergegangenen Kontinent, «Lemurien», gelebt haben sollen. Als wichtigste Errungenschaft des Menschen sah er die Sprache an, daher nannte er die hypothetische Zwischenform in seiner «natürlichen Schöpfungsgeschichte» (1868) *Pithecanthropus alalus* (das heißt: stummer Affenmensch). Reste des verschwundenen Kontinents sollten Madagaskar und Indien darstellen. Da Haeckel den Gibbon als menschenähnlichsten Affen ansah, mutmaßte er, daß Reste des Affenmenschen auf den Inseln Indonesiens, dem heutigen Verbreitungsgebiet der Gibbons, zu finden sein müßten.

Der junge holländische Arzt Eugène Dubois war von der Hypothese Haeckels nachhaltig beeindruckt. Mit dem Ziel, Reste dieses Affenmenschen zu entdecken, ließ er sich als Militärarzt 1887 nach Sumatra versetzen. Besessen von seiner Idee, begann er an einer Stelle in Java zu graben, die nach heutigen Vorstellungen als völlig aussichtslos gelten würde. Er grub in einem Gebiet, wo im Umkreis von Tausenden von Kilometern noch nie zuvor auch nur die kleinste Andeutung von Resten eines Urmenschen gefunden wurde – und er grub auf den Zentimeter genau an der richtigen Stelle: Am Ufer des Solo-Flusses bei Trinil fand er 1891 einen Teil eines Schädeldaches und einen Zahn.

Zuerst beschrieb er die Fundstücke als den afrikanischen Menschenaffen zugehörig (*Anthropithecus*). Ein Jahr später, nach dem Fund eines vollständigen linken Oberschenkelknochens, der eine pathologische Knochengeschwulst aufwies, war

Dubois davon überzeugt, daß dieses Wesen bereits aufrecht gegangen war, und nannte es *Anthropithecus erectus*. Schließlich gab er 1894 bekannt, damit die Reste des von Haeckel als *Pithecanthropus* bezeichneten Affenmenschen gefunden zu haben und bezeichnete ihn als *Pithecanthropus erectus*. Obwohl wir heute wissen, daß der aufrechte Gang schon 3 Millionen Jahre früher bei der Gattung *Australopithecus* (S. 39) verwirklicht war, ist dieser Artname bis heute gültig, wenn er auch zur Gattung *Homo* gerechnet wird.

Dubois verließ Java 1895 und kämpfte heftig um die Anerkennung seiner Funde. Er war jedoch wegen der nicht enden wollenden Kritik an den damit verbundenen Hypothesen so enttäuscht und verbittert, daß er die Fossilien jahrelang im Fußboden eingelassen versteckt hielt. Zwar bestätigten in den zwanziger und dreißiger Jahren neue Funde aus China und Java seine Vorstellungen, doch hatte er da selbst bereits alle Hoffnungen aufgegeben: Bis zu seinem Tod im Jahre 1940 verteidigte er die Ansicht, *Pithecanthropus* sei ein in einen Menschen verwandelter Gibbon!

Diese *Pithecanthropus*-Funde mit einem Alter von ca. 1 Million Jahren werden heute zu *Homo erectus* gruppiert. Im Jahre 1936 fand Gustav Heinrich Ralph von Koenigswald, der die Arbeiten Dubois' fortsetzte, weitere Fossilien bei Sangiran sowie einen Kinderschädel bei Mojokerto. Die Arbeiten in Sangiran erbrachten die größte Menge des Hominiden-Materials aus Java, darunter Schädelfragmente von *Pithecanthropus* (*Homo*) *erectus* und robuste Ober- und Unterkieferfragmente, die als *Meganthropus javanicus* beschrieben wurden. Nach den Schätzungen von Koenigswalds sollten die Funde aus den ältesten Schichten Sangirans und Modjokertos (Djetis-Schichten), ca. 1,9–1,6 Millionen Jahre alt sein, wie inzwischen durch radiometrische Datierung (S. 14) der Fundschichten bestätigt wurde. Bis heute wurden auf Java die Reste von mehr als 40 Individuen des *Homo erectus* gefunden, meistens Schädel- und Kieferreste. Der vollständigste Schädel wurde 1969 unter der Leitung von S. Sartono in den jüngeren Schichten von Sangiran (Trinil-Schichten) geborgen.

Eine weitere indonesische Insel, Flores, sorgte unlängst für

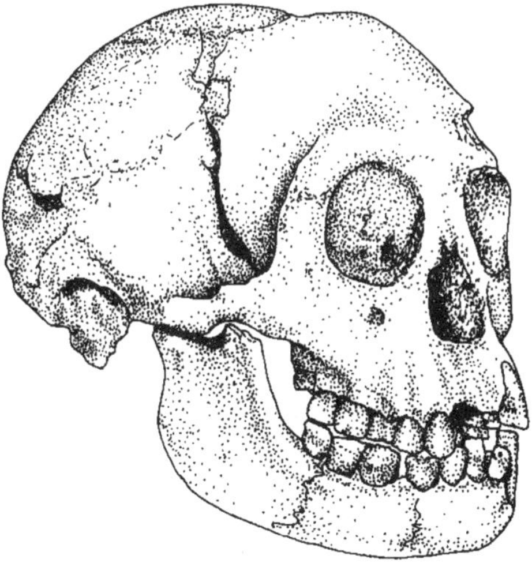

Abb. 11: *Homo floresiensis.* Schädelfund LB 1 aus Liang Bua, Insel Flores (Alter ca. 18 000 Jahre)

weltweites Aufsehen. Nachdem schon seit längerem Steinwerkzeuge mit einem Alter von ca. 800 000 Jahren die Besiedlung der Insel durch *Homo erectus* belegen, wurden 2004 dort Skelett- und Schädelreste entdeckt, inzwischen von über 10 Individuen, die in keiner Weise in das gängige wissenschaftliche Weltbild zu passen schienen. Der zwergenwüchsige «Hobbit» von Flores (Abb. 11) weist mit 380 cm³ das kleinste Gehirn aller bisher gefundenen Hominiden im Stammbusch der Menschen auf. Eine vergleichbare absolute und relative Verkleinerung des Gehirns ist möglicherweise ein evolutives Inselphänomen und wurde erstmals bei fossilen Gemsen auf Mallorca nachgewiesen. Dort dauerte dieser Evolutionsprozeß und die Rückentwicklung des Gehirns mehrere Millionen Jahre. Wahrscheinlich war *Homo floresiensis* ein Abkömmling sehr früher afrikanischer Auswanderer vor möglicherweise mehr als 2 Millionen Jahren, die Afrika noch vor *Homo erectus* verließen (Abb. 15, 20), und der bis vor 17 000 Jahren auf der Insel Flores überlebte.

Ostasien

Einer alten Tradition entsprechend, werden in chinesischen Apotheken fossile Knochen in Pulverform als Medizin gegen Verdauungsstörungen gehandelt. Um die Jahrhundertwende kaufte dort der Naturforscher Karl Haberer eine Reihe fossiler Zähne unter denen sich auch ein ungewöhnlicher Backenzahn befand, der sehr schlecht erhalten war. Der Paläontologe Max Schlosser vermutete 1903 aufgrund dieses Stückes, daß es späteren Forschern vielleicht vergönnt sein werde, in China die Reste fossiler Menschen zu finden.

Die ersten Fundstücke aus China landeten in Uppsala. Ein schwedischer Geologe hatte sie in einem Höhlensystem bei Zhoukoudian, damals ca. 45 km südwestlich, heute am Stadtrand von Beijing gelegen, entdeckt. Da sich darunter auch menschliche Zähne befanden, begann der kanadische Anatom Davidson Black zusammen mit W. Ch. Pei weitere Geländearbeiten und fand in Zhoukoudian zwischen 1928 und 1937 Teile von 14 Schädeln, 14 Unterkiefer, mehr als 150 Zähne sowie Skelettreste, die er als Relikte des *Sinanthropus pekinensis* (Chinamensch) bezeichnete (Abb. 12). Die Funde repräsentieren mehr als 45 Individuen jeden Alters und Geschlechts. Da fast alle Schädel künstlich geöffnet worden waren, wurde früher auf kannibalistisches Verhalten geschlossen, während man heute eher Totenriten als Ursache der Beschädigungen ansieht.

Der Anatom und Anthropologe Franz Weidenreich, der die Arbeiten nach Blacks Tod weiterführte, nahm eine detaillierte wissenschaftliche Bearbeitung vor, wobei er auch von sämtlichen Fossilien Abgüsse herstellte. Seine Zeichnungen und diese ersten Abgüsse sind das einzige, was heute von den Hominiden-Resten übrig ist, denn niemand weiß, wo sich die Originale befinden. Zwar wurde versucht, sie in den Kriegswirren gut verpackt aus China herauszuschaffen, doch kamen die Kisten ohne ihren wertvollen Inhalt in Amerika an: eines der mysteriösesten Kapitel in der Geschichte der Paläoanthropologie. Es bleibt die Hoffnung, daß die Fundstücke «nur» entwendet wur-

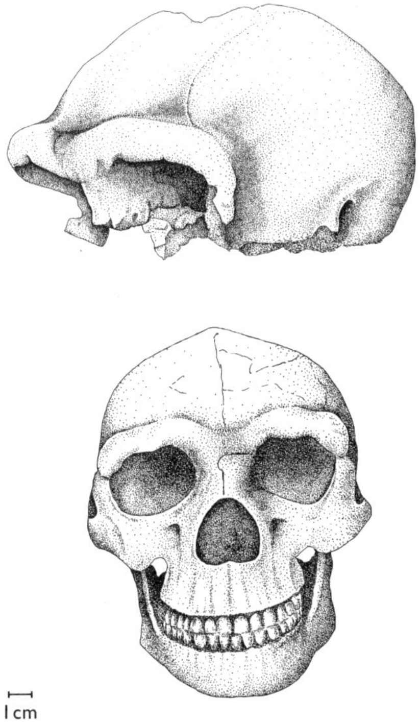

Abb. 12: *Homo erectus.* Oben: Schädelfragment OH 9 aus Olduvai Gorge, Tansania (Alter ca. 1,2 Mio. Jahre); unten: Schädel-Rekonstruktion des chinesischen *Pithecanthropus*-Typs (Alter ca. 0,5 Mio. Jahre)

den und durch einen Zufall irgendwann ein zweites Mal ans Tageslicht gelangen.

Seit 1949 wurden sowohl in Zhoukoudian als auch an weiter südlich gelegenen Orten in Mittel- und Südchina Reste der heute zu *Homo erectus* gezählten chinesischen Hominiden entdeckt, zum Beispiel in den sechziger Jahren in Lantian, Provinz Shaanxi. In der Langtandong-Höhle, Provinz Hexian, wurde 1980 ein vollständiger Schädel gefunden. Seit einigen Jahren werden von den Anthropologen und Paläontologen der *Academia Sinica,* Beijing, Großgrabungen in Zhoukoudian durchgeführt.

Die meisten Fundstellen in China sind mit einem Alter von ca. 600 000 bis 300 000 Jahren sehr viel jünger als die auf Java. Nur in der Höhle von Longgupo bei Wushan und aus Yuanmou (Provinz Yunnan) sind die Reste vielleicht sogar 1,9 Millionen Jahre alt. Die chinesischen Fundstellen bieten weitaus größere Möglichkeiten zur Rekonstruktion der Lebensweise von *Homo erectus*. Während die Fossilien in Java durch Flüsse transportiert wurden *(allochthone Einbettung)*, sind die Fossilien in China am ursprünglichen Lebens- und/oder Todesort entstanden. Nur diese *autochthone Einbettung* bietet die Chance, auch kulturelle Hinterlassenschaften in demselben Fundzusammenhang aufzuspüren. Die meisten chinesischen Fundstellen sind ehemalige Rastplätze, an denen *Pebble tools* oder einfache Acheuléen-Werkzeuge (S. 98), z. B. Protofaustkeile, gefunden wurden. Weitere *Homo erectus*-Fundstellen wurden 1982 auch aus Indien (Narmada: Schädelfragment und Werkzeuge) und 1986 aus Vietnam (Tham Khyen und Tham Hai: Zähne) bekannt.

Fundorte und Fundgeschichte in Europa

Der erste und immer noch einer der berühmtesten Hominiden-Funde in Europa war mit einem Alter von ca. 650 000 Jahren lange Zeit der älteste des Kontinents. In den ehemaligen Neckarschottern von Mauer an der Elsenz, östlich von Heidelberg, fand am 21. Oktober 1907 der Sandgräber Daniel Hartmann einen Unterkiefer (Abb. 13), den der Heidelberger Privatdozent Otto Schoetensack 1908 mit dem wissenschaftlichen Namen *Homo heidelbergensis* bezeichnete. Die ältesten damals bekannten Hominiden-Reste stammten aus Java (S. 81), daher erregte der Fund immenses Aufsehen. Heute wird der Unterkiefer, der in den Kriegswirren mehrere Zahnkronen verlor, meist zu *Homo erectus* gerechnet, wenn auch die Bezeichnung *Homo heidelbergensis* als Abgrenzung einer gegenüber dem asiatischen *Homo erectus* eigenständigen frühen europäischen *Homo*-Art wieder Befürworter findet (S. 103).

Erst über 50 Jahre später tauchten weitere Reste des *Homo erectus* in Europa auf. Aus der Pyrenäen-Höhle von Arago (Tau-

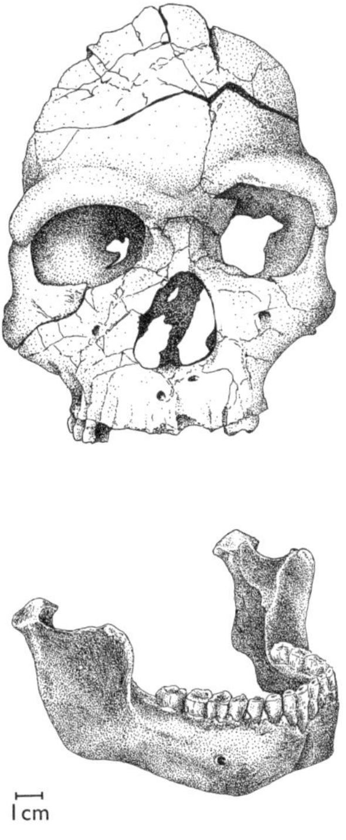

Abb. 13: Europäischer *Homo erectus (Homo heidelbergensis)*.
Oben: Schädel Arago 21 aus Tautavel, Frankreich (Alter ca. 400 000 Jahre);
unten: Unterkiefer von Mauer bei Heidelberg (Alter ca. 600 000 Jahre)

tavel, Frankreich) wurden durch die Arbeiten Henry und Marie-Antoinette de Lumleys seit 1964 über 50 Hominiden-Fragmente geborgen. Der Schädel Arago 21 (Abb. 13) ist ca. 400 000 Jahre alt, möglicherweise aber auch jünger. Er belegt die früheste Phase des einsetzenden Übergangs von *Homo heidelbergensis* zu *Homo neanderthalensis* in Europa. Zum gleichen Formenkreis gehören die Hominiden-Funde aus dem thüringischen Bilzingsleben mit einem Alter von möglicherweise knapp über 400 000 Jahren. Dieser Fundplatz eiszeitlicher Werkzeuge und Tierreste, wurde seit 1969 unter der Leitung von Dietrich Mania systematisch erschlossen und interdisziplinär bearbeitet. An der mit etwa 500 000 Jahren ältesten bekannten Hominiden-Fundstelle Englands, in Boxgrove, wird seit 1986 gegraben. Neben einem Schienbein des *Homo heidelbergensis*, zwei Schneidezähnen und Steinwerkzeugen, sind von hier die ältesten Knochenwerkzeuge Europas überliefert. Noch älter (ca. 700 000 Jahre) ist die englisch altsteinzeitliche Fundstelle Pakefield. Die heutigen britischen Inseln hatten in der Eiszeit eine Festlandsverbindung mit Europa. Aus Pirro Nord in Italien sind Steinwerkzeuge bekannt geworden, die sogar ein Alter von über 1,4 Millionen Jahren aufweisen, ebenso aus dem Orcebecken in Andalusien

Die mit Abstand ergiebigste Hominiden-Fundstelle Europas ist die Sierra de Atapuerca bei Burgos in Nordspanien. Dort wurden allein aus den zwei Hauptgrabungsstellen, Sima de los Huesos und Gran Dolina, die in unterschiedlichen Höhlensystemen liegen, über 1 600 Hominiden-Fragmente ergraben, mehr als Dreiviertel aller weltweit aus dem mittleren Pleistozän (780 000 bis 120 000 Jahre) bekannten Frühmenschenreste. Zu den bedeutendsten Funden des Teams unter Leitung von Juan-Louis Arsuaga gehörten 1994 in der Höhle Gran Dolina (Schicht 6) über 35 *Homo erectus*-ähnliche Fragmente von wenigstens 4 Individuen zusammen mit mehr als 100 Steinwerkzeugen. Möglicherweise steht die 1997 von hier beschriebene Art *Homo antecessor* dem letzten gemeinsamen Vorfahren von Neandertalern und moderen Menschen nahe. Kürzlich wurde aus Atapuerca (Sima de Elefante) sogar ein über 1,2 Millionen Jahre alter Hominidenzahn geborgen, der die spärliche Anwesenheit des Menschen in Südeuropa bereits zu dieser Zeit erstmalig belegt.

Die spektakuläre Hominiden-Fundstelle Dmanisi (Georgien) wurde 1991 entdeckt. Unter Leitung von David Lordkipanidze vom Georgischen Nationalmuseum wurden inzwischen über 20 Hominidenfragmente, darunter Unterkiefer und mehrere nahezu vollständige Schädel mit einem Alter von ca. 1,8 Millionen Jahren geborgen («*Homo georgicus*»). Damit ist Dmanisi in die Spitzengruppe der bedeutendsten Hominiden-Fundstellen der Welt aufgerückt. Kennzeichnend für diese ältesten Eurasier, die morphologisch dem frühen afrikanischen *Homo erectus (Homo ergaster)* und sogar *Homo rudolfensis* sehr nahe stehen, ist das noch recht geringe Hirnvolumen von ca. 700 ccm. Dies kann als Beleg dafür angesehen werden, daß die früheste Auswanderung der Frühmenschen aus Afrika nicht erst mit *Homo erectus* begann, sondern schon mit dessen afrikanischen Vorfahren vor weit über 2 Millionen Jahren.

Funde und Fundgeschichte in Afrika

Über lange Zeit wurde *Homo erectus* als außerafrikanische Form angesehen, die nur in Asien und Europa vorkam. In der Australopithecinen-Fundstelle Swartkrans (Abb. 1) wurden aber 1949 von Robert Broom und John T. Robinson Hominiden-Reste entdeckt, die sich deutlich von den in den Schichten ebenso vorkommenden Australopithecinen unterschieden. Diese als *Telanthropus* («Zielmensch») beschriebenen Fossilien werden heute meist zu *Homo erectus* gerechnet, teilweise jedoch auch *Homo habilis* (S. 66) zugeordnet.

Bei kommerziellen Steinbrucharbeiten bei Ternifine (Abb. 1) in Algerien wurden 1954 und 1955 drei große Hominiden Unterkiefer zusammen mit einem Schädeldach und Einzelzähnen geborgen. Von Camille Arambourg zunächst als *Atlanthropus* (Atlas-Mensch) beschrieben, werden die ca. 700 000 Jahre alten Reste heute zu *Homo erectus* gezählt. Aus dem Tschad stammt ein in der Zuordnung umstrittenes, etwa 800 000 Jahre altes Fossil: Ein stark verwitterter Gesichtsschädel aus Yayo (Abb. 1) wurde 1961 von Yves Coppens zunächst als *Tchadanthropus* beschrieben, der Ähnlichkeit zu den damals bekannten Australopithecinen des südlichen Afrika aufweisen sollte. Später zunächst mit *Homo habilis* in Verbindung gebracht, wird der Tschad-Fund heute von den meisten Anthropologen als *Homo erectus* angesehen.

Mit den Grabungserfolgen von Louis und Mary Leakey in Olduvai Gorge (Tansania) stellten sich auch Funde des *Homo erectus* im östlichen Afrika ein. So wurde schon kurz nach dem berühmten *Zinjanthropus* (S. 37) 1960 ein Hominidenschädel, *Olduvai-Hominid* 9 (OH 9) (Abb. 12), in Olduvai gefunden, der zwar an der Oberfläche lag, aber mit Bed II in Verbindung gebracht werden konnte und daher ungefähr 1,2 Millionen Jahre alt ist. Weitere *Homo erectus*-Fossilien kamen zwischen 1960 und 1970 aus verschiedenen Fundhorizonten in Olduvai Gorge (*Bed* III, *Bed* IV), darunter Hirnschädel-, Kiefer-, Oberschenkel- und Beckenfragmente.

Während der intensiven Geländearbeiten Richard Leakeys in Koobi Fora am Ostrand des Turkana Sees in Kenia wurden neben robusten Vormenschen seit 1975 ebenfalls *Homo erectus*-Fossilien geborgen. *Homo erectus* zugeordnete Funde aus Koobi Fora, über 30 Schädel- und Skelettreste, stammen aus Fundschichten oberhalb des sogenannten KBS-Tuffes (benannt nach der Entdeckerin Kay Behrensmeyer), der als wichtigster Zeithorizont in Koobi Fora mit ca. 1,7–1,6 Millionen Jahren datiert ist. Diese Funde wurden als frühe afrikanische Form des *Homo erectus* in die neue Art *Homo ergaster* (S. 76) eingruppiert. Auf der Westseite des Turkana-Sees («West Turkana») bei Nariokotome (Abb. 1) wurde von Kamoya Kimeu 1984 das fast vollständig erhaltene Skelett eines ca. zwölfjährigen Jugendlichen entdeckt, der zu Lebzeiten fast 1,70 m groß gewesen sein muß (Abb. 14). Der ca. 1,6 Millionen Jahre alte Fund mit der Katalognummer KNM-WT 15 000 wird daher auch als *Turkana-Boy* bezeichnet. Es handelt sich um ein fast vollständiges Hominiden-Skelett, an dem nur wenige Knochen fehlen (Abb. 14). Der Fund wird als *Homo ergaster* zu den ursprünglichen afrikanischen *Homo erectus*-Formen gerechnet.

In Äthiopien fand die Internationale Omo Forschungsexpedition (S. 39) im Gebiet des Omo-Flusses (Abb. 1) Anfang der siebziger Jahre einen Schädelrest mit einem Alter von ca. 1,2 Millionen Jahren. In der Nähe von Addis Abeba werden seit 1973 Grabungsarbeiten an einer der reichhaltigsten archäologischen Fundstellen Afrikas, Melka Kunturé, durchgeführt. Hier ist eine durchgehende Folge archäologischer Fundhorizonte von 1,6 Millionen bis zu 200 000 Jahren Alter aufgeschlossen. In den älteren Schichten wurden Schädelbruchstücke, Unterkiefer und Oberarm von *Homo erectus* zusammen mit Werkzeugen des Oldowan- (S. 64) und Acheuléen-Typs gefunden. Auch an

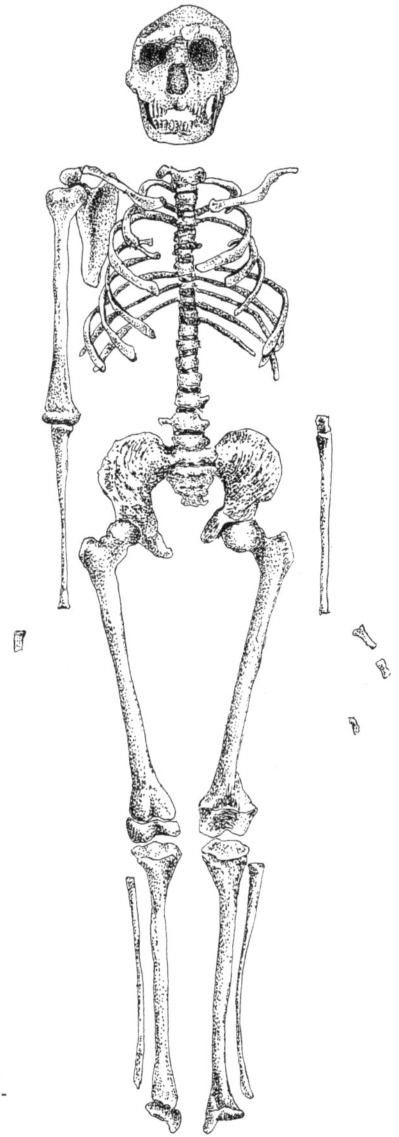

Abb. 14: Früher afrikanischer *Homo erectus (Homo ergaster) Turkana Boy*, Skelett KNM-WT 15 000 aus Nariokotome, West-Turkana, Kenia (Alter ca. 1,6 Mio. Jahre)

der Fundstelle Konso-Gardula (Abb. 1), wo später noch ein vollständiger *Australopithecus boisei*-Schädelfund auftauchte (S. 41), wurde 1991 ein früher *Homo erectus (Homo ergaster)*-Unterkiefer zusammen mit ca. 1,5 Millionen Jahre alten, sehr ursprünglichen Acheuléen-Werkzeugen entdeckt.

Im Jahre 2004 wurde an der seit Jahrzehnten bekannten Fundstelle für Acheuléen-Werkzeuge, Olorgesailie (Kenia), erstmals ein Schädelfragment von *Homo erectus* geborgen. Mit einem Alter von ca. 950 000 Jahren stammt es aus einer Zeit, aus der in Afrika nur spärliche Reste der Frühmenschen bekannt sind. In diesen Zeithorizont gehören auch neue Hominidenfragmente aus Makuyuni (Tansania), die vom Hominid Corridor Resarch Project (HCRP) unlängst geborgen wurden.

Die Fundlage von *Homo erectus* an den wichtigsten Fundstellen in Afrika, Asien und Europa stellt sich heute somit folgendermaßen dar:

Früher *Homo erectus (Homo ergaster)*
(2–1,5 Millionen Jahre):
Nariokotome (Abb. 14), Koobi Fora (Kenia), Konso-Gardula (Äthiopien), Dmanisi (Georgien) (*Homo georgicus*), Sangiran (Djetis-Schichten), Modjokerto (Java), Longgupo (China), Flores (Indonesien)
(**Homo floresiensis**, bis vor 17 000 Jahren (Abb. 11))

Später afrikanischer und asiatischer *Homo erectus*
(1,5 Millionen–300 000 Jahre):
Swartkrans (Südafrika), Olduvai Gorge (Abb. 12), Makuyuni (Tansania), Kanam, Olorgesailie (Kenia), Yayo (Tschad), Ternifine (Algerien), Omo, Melka Kunturé (Äthiopien), Sangiran (Trinil-Schichten), Trinil, Ngandong (Java), Lantian, Lantandong, Yuanmou, Zhoukoudian (China) (Abb. 11), Ubeidiya (Israel), Narmada (Indien), Tham Khyen, Tham Hai (Vietnam)

Europäischer *Homo erectus (Homo heidelbergensis)*
(800 000–400 000 Jahre):
Gran Dolina (Atapuerca) (Spanien), Mauer (Abb. 13), Bilzingsleben (Deutschland), Arago (Frankreich) (Abb. 13), Boxgrove (England), Ceprano (Italien)

Merkmale und Lebensweise des *Homo erectus*

Vor ca. 2 Millionen Jahren begann in Afrika die Entwicklung zu Hominidentypen mit kräftigerem und größerem Skelett und massivem Knochenbau im Schädel, den typischen Merkmalen von *Homo erectus*. Dieser Trend begann nicht mit *Australopithecus (Homo) habilis*, da diese Form zeitlich parallel erst aus *Australopithecus africanus* des südlichen Afrika hervorging (S. 75). Ursprung für *Homo erectus* war wahrscheinlich ein relativ robuster Prototyp, der mit *Homo rudolfensis* 500 000 Jahre zuvor, vor ca. 2,5 Millionen Jahren, im östlichen Afrika entstanden war (S. 76).

Körperbau und anatomische Merkmale

Gegenüber *Homo rudolfensis* zeigen sich bei *Homo erectus* Körpermerkmale, die eine progressive Entwicklung zum *Homo sapiens* andeuten. Hierzu gehören vor allem die Vergrößerung des Hirnschädelvolumens, die Veränderung der Proportionen des Hirn- und Gesichtsschädels, die tiefere Lage der Öffnung der Schädelunterseite (*Foramen magnum*), der Bau des Kiefergelenkes und die rundlichere Zahnbogenform. Der Hirnschädel von *Homo erectus* ist dickwandig und weist Einschnürungen im Bereich hinter den Augenhöhlen auf. Kennzeichnend ist eine niedrige Stirn und die Ausbildung von kräftigen Überaugenwülsten, über deren Funktion man bis heute rätselt. Während die Australopithecinen und frühe Mitglieder der Gattung *Homo* noch Skelettmerkmale aufweisen, die an die Menschenaffen erinnern, stimmt die Anatomie des Skelettes von *Homo erectus* in vielen Einzelheiten mit der des modernen Menschen überein. Jedoch sind die Hüften, Bein- und Fußknochen viel kräftiger ausgebildet. Der massive Knochenbau läßt darauf schließen, daß *Homo erectus* hohe Kraft und Ausdauer beim Tragen von Material und Nahrung aufbrachte. Gleichzeitig sind erstmals anatomische Merkmale überliefert, die zeigen, dass die Frühmenschen auch des Rennens fähig waren.

Wahrscheinlich bildete sich bei *Homo erectus* bereits eine vorstehende, knorpelige Nase aus, wie sich anhand von vollständig erhaltenen Schädeln indirekt erschließen läßt. Diese Form der Nase führt zu einer besseren Thermoregulation der Atemluft und kennzeichnet eine sehr aktive Lebensweise. Zwar gibt es keine fossilen Belege, aber es ist anzunehmen, daß die Haarlosigkeit und die Schweißdrüsen ebenfalls während der *Homo erectus*-Phase entstanden. Zusammen mit einer dunkel pigmentierten Haut war *Homo erectus* dadurch den Anforderungen an ein Leben in den tropischen Bereichen Afrikas gewachsen. Das Skelett des Turkana-Jungen (Abb. 14) ist erstaunlich groß, wie dies in tropischen Breiten zu erwarten ist, um die Abstrahlung von Körperwärme zu erleichtern. Die Nachfahren des *Homo erectus* in Europa, die Neandertaler, die in kalten Klimabereichen lebten, waren wesentlich kleiner.

Gehirnwachstum

Innerhalb der Art *Homo erectus* ist eine verstärkte Zunahme des Gehirnvolumens feststellbar. Das rekonstruierte Gehirnvolumen beträgt bei den ältesten Schädeln ca. 800–900 ccm. Hierzu gehören zum Beispiel einige der Funde von Koobi Fora und der Turkana Boy (Abb. 14) von Nariokotome, die aufgrund verschiedener Merkmale von einigen Anthropologen als eigene Art *Homo ergaster* abgetrennt werden. Vor einer Million Jahren wurden Werte von ca. 900–1000 ccm erreicht und vor 0,5 Millionen Jahren über 1100–1200 ccm.

Absolute Gehirnvolumina sind allerdings schwer vergleichbar, da Organismen mit größerem Körpergewicht auch absolut ein größeres Gehirnvolumen aufweisen müssen. Einen höheren Aussagewert hat das relative Hirnvolumen – eine Größe, bei der das Hirnvolumen in Beziehung zur Körpermasse gesetzt wird. Bezogen auf das gleiche Körpergewicht schneiden hierbei die Primaten im Vergleich zu den übrigen Säugetieren um den Faktor 1,6–3,1 besser ab. Dieser Faktor beträgt bei den Australopithecinen zwischen 2,4 und 3,2, bei *Homo erectus* zwischen 4,5 und 5 und bei *Homo sapiens* ca. 7,2. Unter Berücksichtigung der kürzer werdenden zeitlichen Abstände beschleunigt sich also die Zunahme der Gehirngröße mit *Homo erectus* erheblich.

Bei der Untersuchung von ontogenetischen Wachstumsmustern des *Homo erectus* stellte sich heraus, daß die Frühmenschen noch die schnellere Wachstumsgeschwindigkeit der Menschenaffen aufweisen. Das langsame Wachstum des Gehirns des modernen Menschen, das mit einer langen individuellen Lernphase verbunden ist, tritt erst bei den Neandertalern (S. 110) auf.

Das Gehirn des modernen Menschen weist ein durchschnittliches Volumen von 1450 ccm auf, jedoch ist die Variationsbreite erheblich. «Intelligenz» hängt nicht mit individueller Gehirngröße zusammen, da es hierfür weniger auf das Volumen als auf die neuronale Vernetzung ankommt. Das Gehirn des Menschen ist ca. dreimal größer als das eines Schimpansen, aber nicht nur eine vergrößerte Kopie. Der *Neocortex*, zuständig auch für das Speichern und Verknüpfen verschiedenster Informationen, zum Beispiel für das Verarbeiten von Erfahrungen und für «Denkleistungen», ist überproportional erweitert. Ebenso ist das Kleinhirn (*Cerebellum*), in dem angelernte motorische Funktionsmuster koordiniert werden, stark ausgedehnt, vor allem die Gesicht und Hände betreffenden Abschnitte. Die Erweiterung des *Neocortex* zeigt sich an Schädelresten seit *Homo erectus* in der Erhöhung der Stirn; die Vergrößerung des Kleinhirns ist an Fossilien anhand einer zunehmenden Eintiefung der hinteren Hirngrube nachzuweisen.

Ernährung und Zähne

Das Gehirn ist neben Darm und Leber das Organ mit dem höchsten Energieverbrauch im menschlichen Körper. Eine interessante Frage ist daher nicht nur, welche Vorteile ein größeres Gehirn bietet, sondern vor allem auch, wie ein Organismus sich den dadurch stark erhöhten Energieverbrauch leisten kann. Einen Hinweis gibt hier zum Beispiel die Größe des menschlichen Darms, der nur halb so groß ist und damit sehr viel weniger Energie verbraucht, als dies bei Primaten menschlicher Körpergröße zu erwarten wäre. Dies ist aber nur möglich, weil sich der Mensch zum Allesfresser mit hohem Fleischanteil entwickelte, während die übrigen Primaten überwiegend Pflanzenfresser blieben, denn reine Pflanzenfresser brauchen verdauungsfunktionell einen sehr viel längeren Darmtrakt.

Während das Gehirn an Volumen und Komplexität zunahm, ging die Größe der Backenzähne im Laufe der Zeit erheblich zurück. Die Backenzähne (Molaren) der Australopithecinen (S. 51) zeichneten sich vor allem durch dicken Zahnschmelz aus, die der frühen Urmenschen (*Homo rudolfensis*) (S. 70) waren recht groß und robust. um die hohen Anteile pflanzlicher Nahrung verarbeiten zu können.

Der systematische Einsatz von Steinwerkzeugen mit Entstehung der Gattung *Homo* (S. 72), führte zu einer Verlagerung eines Teils der Nahrungsverarbeitung vom natürlichen Nahrungsapparat der Zähne und Kaumuskulatur auf die beginnenden technisch-kulturellen Optionen. Pflanzennahrung kann im Gegensatz zu Fleischnahrung im menschlichen Darmsystem jedoch nur verarbeitet werden, wenn sie bis auf Zellniveau aufgeschlossen ist. Dies können Steinwerkzeuge nicht leisten, sondern ist Aufgabe der höchst präzise aufeinander eingeschliffenen Backenzähne. Die Optimierung dieser Funktion war möglich, weil das Gebiß von den gröberen Aufgaben der ersten Nahrungszerkleinerung befreit wurde. Die Größe der Backenzähne war kein entscheidender Vorteil mehr, da deren Wirkungsgrad auf sehr viel kleinere Dimensionen ausgelegt war. So sind die Backenzähne des späten *Homo erectus* denen des frühen *Homo sapiens* bereits sehr ähnlich. Mit dem Rückgang der Kauleistung bildeten sich auch Kiefer und Kaumuskulatur zurück, die bei *Homo erectus* nicht mehr die Schädelmitte erreicht, sondern im Bereich der Schläfen ansetzt.

Hände und Werkzeugkultur

Mit Entstehung des *Homo erectus* nahmen die der biologischen Evolution zuzurechnenden Merkmalsveränderungen ab. Dafür steigt das Ausmaß der Veränderungen durch kulturelle Evolution an (Abb. 19). Erste Anzeichen für eine systematische Werkzeugkultur liegen aus der Zeit des *Homo rudolfensis* vor (S. 77). Zur Herstellung und zum Gebrauch von Werkzeugen sind vor allem die Hände wichtig. Die Möglichkeiten der «Manipulation» (im eigentlichen Sinn des Wortes) aufgrund freier Hände werden vereinzelt sogar als Triebfeder für die Entstehung des aufrechten Gangs angeführt. Die heutige Fundlage und ihre zeitliche Abfolge stützen diese Sichtweise jedoch nicht. Der aufrechte Gang entstand zunächst in aufgelockerten Waldrand-Habitaten als eine neuartige Strategie zur Nahrungssuche im Uferbreich (S. 30). Die Hände, sonst bei allen anderen Primaten mit Fortbewegung beschäftigt, wurden frei für neue Aufgaben.

Leider werden die sehr kleinen und fragilen fossilen Handknochen meist gar nicht oder nur isoliert gefunden, so daß eine Zuordnung zu definierten Arten nur selten gelingt. Bei Menschenaffen sind die Fingerknochen leicht gebogen. Dies ist auch bei den Australopithecinen noch zu beobachten. Bei *Homo erectus* sind sie fast gerade gestreckt und daher nicht mehr als «Kletterkonstruktion» anzusehen. Das letzte Knochenglied des Daumens, bei Menschenaffen sehr schmal ausgebildet, ist bei *Homo sapiens* breit und kräftig. *Homo erectus* nimmt eine Mittelstellung ein und zeigt, daß die Umbildung von einer kraftausübenden Greifkonstruktion zur Hand als Präzisionswerkzeug bereits weit fortgeschritten war. Im Gegensatz zum «Kraftgriff» (*Power Grip*) der Menschenaffen, die ein Objekt mit den Fingern und dem Daumen nur umklammern können, ist spätestens seit *Homo erectus*, wahrscheinlich aber schon früher, ein «Präzisionsgriff» (*Precision Grip*) möglich. Durch die Stärkung der Daumenknochen und der Sehnen sowie die größere Flexibilität des Daumens läßt sich dieser an den Spitzen der anderen Finger anlegen (opponieren). Mit einer exakt gesteuerten Kraft gelingt es, dazwischen befindliche Objekte präzise zu manipulieren.

Bei *Homo erectus* waren alle anatomischen Voraussetzungen für eine präzise Handhabe kleiner Objekte und damit die Herstellung effektiver Werkzeuge gegeben. Dennoch ging die Weiterentwicklung der Werkzeugkultur nur äußerst schleppend voran. Über eine Million Jahre lang änderte sich an der ursprünglichen Art der Steinwerkzeug-Herstellung durch Abschlagen einiger Splitter nur wenig. In der Entwicklung der Kultur des Menschen ist daher der älteste Abschnitt der längste. Die Altsteinzeit dauerte von 2,5 Millionen Jahren bis vor ca. 200 000 Jahren. Danach werden die unterscheidbaren Phasen mit neuen technischen Entwicklungen bis heute immer kürzer: Die neuesten Prozessoren für Computer sind bereits nach einigen Monaten wieder veraltet.

Der erste Abschnitt der älteren Altsteinzeit ist durch die Oldowan-Kultur (Abb. 15) bestimmt, die in Afrika seit 2,6 bis vor ca. 1,5 Millionen Jahren nachzuweisen ist. Meist handelt es sich um Geröllwerkzeuge (*Pebble tools*), die als einfache Klingen oder Schaber ausgebildet sind. Die Werkzeuge der Oldowan-Kultur konnten relativ einfach an Ort und Stelle hergestellt werden. Daneben und schon lange davor muß die Benutzung unbearbeiteter Steine zum Aufbrechen der Knochen toter Tiere oder harter Früchte üblich gewesen sein. Vor ca. 1,5 Millionen Jahren wird eine neue Qualität sichtbar: In der jüngeren Phase der Altsteinzeit, der Acheuléen-Kultur (Abb. 15), tauchen Faustkeile in mehreren Varianten auf, die für verschiedene Zwekke technisch unterschiedlich hergestellt wurden. Die Anfertigung dieser differenzierten Geräte verlangen gezielte Planung und Voraussicht. Die Acheuléen-Kultur wird mit dem späteren *Homo erectus* Afrikas, Asiens und Europas in Verbindung gebracht.

Obwohl Skelettreste von *Homo erectus* in Mitteleuropa selten sind, wurden alleine aus Deutschland mehr als ein Dutzend Fundstellen mit Acheuléen-Werkzeugen bekannt (zum Beispiel Bad Cannstatt, Münzenberg), die darauf hindeuten, daß *Homo erectus* vielleicht schon vor 1 Million Jahren das Gebiet besiedelte. Da mit der Entwicklung der Werkzeuge zunehmend Erfahrungen und Zukunftsplanungen einflossen, muß *Homo erectus* ein Gefühl für Vergangenheit und Zukunft, für die Folgen der eigenen Handlungen und jene der anderen besessen haben.

Sprache

Mit dem leistungsfähigeren Gehirn standen zunehmend bessere Möglichkeiten der Speicherung und der Verarbeitung komplexer Zusammenhänge zur Verfügung. Doch beruht der Erfolg der menschlichen Kultur hauptsächlich auf einem Synergieeffekt, den die Möglichkeiten des Gedankenaustauschs vieler Individuen mit sich brachten. Dazu bedurfte es jedoch der Entwicklung eines differenzierten Instruments zur Weitergabe dieser Informationen, der Sprache.

Obwohl es direkte Hinweise auf Sprache bei *Homo erectus* nicht gibt, muß aufgrund der Fähigkeit zur Herstellung kenntnisreich entwickelter Werkzeuge auch vom Vorhandensein einer funktionierenden Sprache ausgegangen werden. Diese war aber aufgrund noch fehlender Möglichkeiten zur differenzierten Atmung und Lauterzeugung noch nicht typisch menschlich. Die Entwicklung der Werkzeug-Kultur (Abb. 15), die Tradierung dieser Kultur und ihre Weitergabe von Individuum zu Individuum und von Generation zu Generation ist ein Beispiel für die zunehmende Vernetzung biologischer und kultureller Faktoren im Verlauf der Evolution des Menschen (Abb. 19).

Feuer und Jagd

Die frühesten Hinweise auf den kontrollierten Gebrauch von Feuer stammen aus Koobi Fora, Kenia (Abb. 1), vor ca. 1,5 Millionen Jahren. Direkte Nachweise gelangen in Swartkrans (Abb. 1) in Südafrika, wo rund eine Million Jahre alte Verbrennungsspuren an Knochen nachgewiesen wurden, die aufgrund der rekonstruierten Temperaturen nicht von einem Buschfeuer hergerührt haben können. Es ist wahrscheinlich, daß es dem frühen *Homo erectus* gelang, Feuer nutzbar zu machen. Feuer entsteht oft natürlich, etwa durch Blitzschlag, und muß den Frühmenschen als zerstörerische Kraft gut bekannt gewesen sein. Nicht nur die Wärme des Feuers war – vor allem bei der Besiedlung kühlerer Kontinente – von Bedeutung, sondern auch der Schutz vor wilden Tieren, die Möglichkeit Nahrung zu erhitzen, sie dadurch zu erweichen und lagerfähige Vorräte anzulegen. Die Kontrolle des Feuers ist nicht nur eine technische, sondern eine gleichermaßen gesellschaftlich und vorausschauend zu regelnde Aufgabe. Man kann daher für *Homo erectus* ein funktionierendes Sozialgefüge ableiten.

Auch erste Hinweise auf gezielte Jagd stammen von *Homo erectus*. Aus Funden von Steinwerkzeugen und Tierknochen mit Schnittspuren dieser Gerätschaften ist zu schließen, daß eine Zerlegungstechnik entwickelt war. So konnte Jagdbeute, die in größeren Mengen gemacht wurde, intensiv und systematisch ausgeschlachtet werden. Dadurch stand vor allem stillenden Müttern die hochwertige Nahrung zur Verfügung, die notwendig war, um das nach der Geburt stark anwachsende Gehirn der Säuglinge mit energiereicher Nahrung zu versorgen. Die Jagdbeute wurde an Rastplätzen geteilt. Es bildeten sich Spezialisten für verschiedene Tätigkeiten heraus, deren Erfolg nicht nur von allgemeinen biologischen Fähigkeiten, sondern in zunehmendem Maße von speziellen Begabungen abhing. Das typische Werkzeug des *Homo erectus*, der Faustkeil (Abb. 15), ist auf einer Seite stumpf auf der anderen mit einer scharfen Klinge versehen. Er wurde zum Zerlegen der Jagdbeute, zum Zerkleinern von Brennmaterial und zum Graben eingesetzt. Vermutlich wurden Steine auch als «Wurfgeschosse» verwendet.

Aufsehenerregende Entdeckungen machten Hartmut Thieme (Hannover) und sein Team seit dem Jahr 1995. Sie fanden die mit 400 000 Jahren ältesten Speere der Welt im Braunkohletagebau Schöningen bei Helmstedt: perfekt geformte Holzspeere des europäischen *Homo erectus*. Aus Stein gearbeitete Speerspitzen sind erst von *Homo sapiens* bekannt. Die Jagdtechniken des *Homo erectus* umfassten auch Treibjagden. In Torralba in Spanien entdeckte F. Clark Howell eine komplette Elefantenherde, die vor über 300 000 Jahren wahrscheinlich mit Hilfe brennender Fackeln in Sümpfe getrieben wurde.

Lebensraum und Auswanderung aus Afrika

Die Fähigkeit, das Feuer zu nutzen und die Jagdtechniken waren wichtige Voraussetzungen, um Afrika zu verlassen. Möglicherweise war die Jagd eine entscheidende Triebkraft, um in entfernteren Gebieten nach Beute zu suchen und so den Lebensbereich langsam auszudehnen. Expansionsbewegungen von wenigen Kilometern pro Generation führten in kurzen geologischen Zeiträumen zur Besiedlung neuer Lebensräume (Abb. 10).

Die Klimabedingungen für eine Ausbreitung der frühen Menschen auf die Nordhalbkugel der Erde waren allerdings wenig verlockend. Während der Eiszeit auf der nördlichen Hemisphäre verstärkten sich globale Abkühlungstendenzen. Die Auffaltung eines Gebirgsgürtels vom Himalaya bis zu den Pyrenäen verhinderte das Einströmen feuchter Luftmassen aus dem Bereich des Indischen Ozeans, und führte so zur Zunahme der jahres- und tageszeitlichen Temperaturschwankungen und zur Austrocknung und Versteppung Zentralasiens.

So verwundert es nicht, daß zunächst Gegenden Südeuropas und der Levante besiedelt wurden, deren Klimageographie eine Übereinstimmung mit afrikanischen Lebensräumen – auch in Fauna und Flora – vermuten lassen. Hinweise auf frühe Auswanderer liegen beispielsweise aus Georgien (Dmanisi, 1,8 Millionen Jahre, S. 88), Italien und Spanien (1,4 bis 1,2 Millionen Jahre, S. 88) vor (Abb. 15). Ausbreitungsrouten sind über die arabische Halbinsel und den Nahen Osten und von Nordafrika nach Sardinien und Italien sowie über Gibraltar denkbar.

Erst mit der Zunahme kultureller Leistungen und Errungenschaften war eine Ausbreitung über Lebensraumgrenzen hinweg in Gebiete möglich, die technisch völlig neue Anforderungen stellten, wie in den Raum jenseits des Kaukasus und nach Südostasien (Abb. 15).

Weitere, spätere Auswanderungsphasen des *Homo erectus* aus Afrika fanden wahrscheinlich im mittleren Pleistozän (ab ca. 800 000 Jahren) statt (Abb. 15). Die Art *Homo antecessor*, 1997 aus Atapuerca, Spanien, beschrieben, soll seit ca. 800 000 Jahren existieren, und den gemeinsamen Vorfahren von Neander-

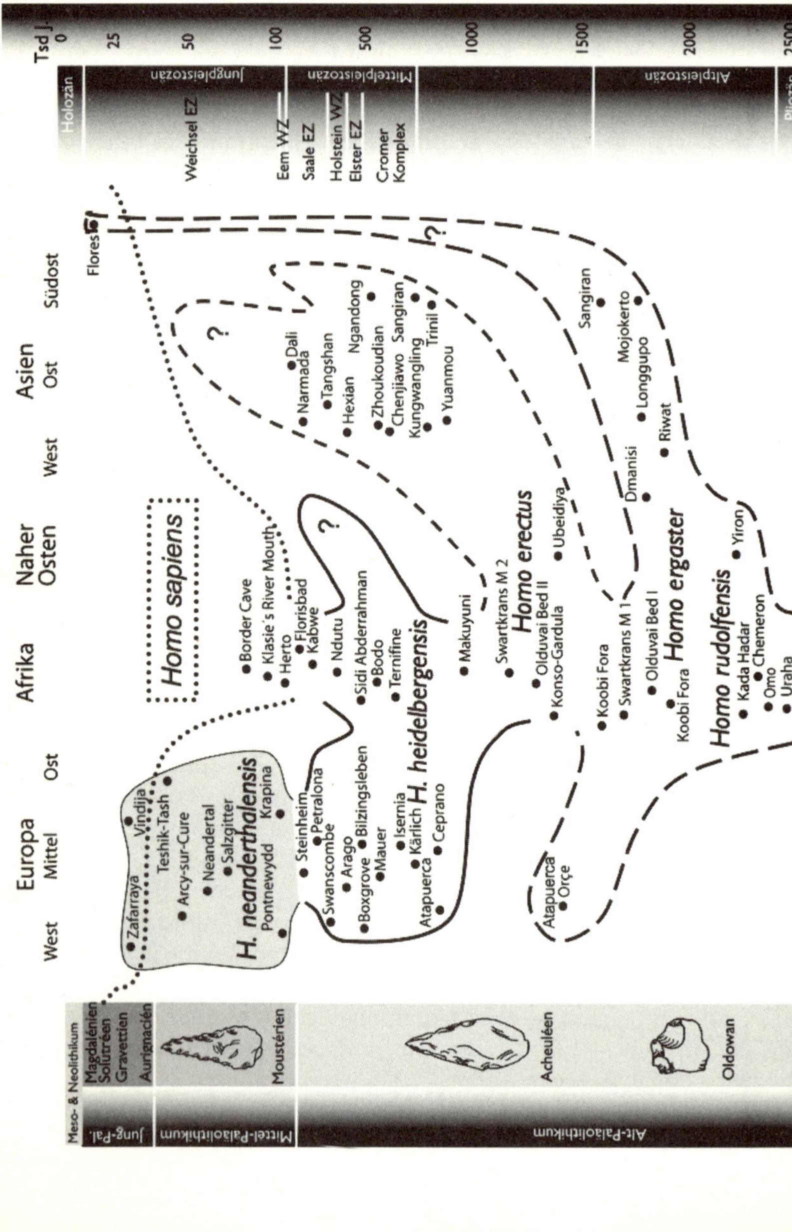

Tsd J. 0 25 50 100 500 1000 1500 2000 2500
Holozän
Jungpleistozän
Mittelpleistozän
Altpleistozän
Pliozän
Weichsel EZ
Eem WZ
Saale EZ
Holstein WZ
Elster EZ
Cromer Komplex
Europa
West Mittel Ost
Afrika
Naher Osten
Asien
West Ost Südost
Homo sapiens
H. neanderthalensis
H. heidelbergensis
Homo erectus
Homo ergaster
Homo rudolfensis
Zafarraya
Arcy-sur-Cure
Neandertal
Salzgitter
Teshik-Tash
Vindija
Krapina
Pontnewydd
Swanscombe
Steinheim
Petralona
Arago
Boxgrove
Mauer
Bilzingsleben
Isernia
Kärlich
Atapuerca
Ceprano
Atapuerca
Orçe
Border Cave
Klasie's River Mouth
Herto
Florisbad
Kabwe
Ndutu
Sidi Abderrahman
Bodo
Ternifine
Makuyuni
Swartkrans M 2
Olduvai Bed II
Konso-Gardula
Koobi Fora
Swartkrans M 1
Olduvai Bed I
Koobi Fora
Kada Hadar
Chemeron
Omo
Uraha
Ubeidiya
Dmanisi
Riwat
Yiron
Narmada
Dali
Tangshan
Hexian
Ngandong
Zhoukoudian
Chenjiawo
Sangiran
Kungwangling
Trinil
Yuanmou
Sangiran
Mojokerto
Longgupo
Flores
Meso- & Neolithikum
Jung-Pal.
Magdalénien
Solutréen
Gravettien
Aurignacien
Mittel-Paläolithikum
Moustérien
Alt-Paläolithikum
Acheuléen
Oldowan

talern und Menschen darstellen, dessen Wurzeln in Afrika zu suchen sind.

Vor spätestens 500 000 Jahren war *Homo erectus* in Ostasien, Südostasien sowie in Mittel- und Südeuropa weit verbreitet. Im mittleren Pleistozän wirkten sich die klimatischen Bedingungen der Eiszeiten auf die biologische und kulturelle Evolution der Frühmenschen aus. Der Lebensraum wurde durch die sich im Norden Asiens ausbreitenden Dauerfrostgebiete begrenzt. Andererseits entstanden neue Landbrücken am Rande der Kontinente, da durch das Vordringen des Eises große Wassermassen gebunden waren. In Asien lebte *Homo erectus* in trockenen Steppengebieten, die sich auch in Europa ausbreiteten. Jedoch waren in den Zwischeneiszeiten die klimatischen Verhältnisse teilweise günstiger als an denselben Stellen heute.

An einigen chinesischen Fundstellen erschienen vor ca. 280 000 Jahren Frühmenschen, die anatomisch eine Zwischenform von *Homo erectus* und *Homo sapiens* darstellen und daher manchmal als «archaischer *Homo sapiens*» klassifiziert werden. Der moderne *Homo sapiens* taucht in Asien jedoch erst vor ca. 40 000 Jahren auf, wobei hier alles auf seinen afrikanischen Ursprung hindeutet (S. 115). Auch in Europa entwickelt sich die europäische Variante des *Homo erectus* im mittleren Pleistozän (*Homo heidelbergensis*) weiter. Oft werden diese Frühmenschen ebenfalls als «archaischer *Homo sapiens*» bezeichnet. Verwandtschaftliche Verhältnisse zu *Homo sapiens* werden damit jedoch nicht ausgedrückt, denn dieser Übergang ist nur in Afrika anhand von Fossilien zu belegen (S. 117). Bei den europäischen Frühmenschen zeigt sich eine Mischung von Merkmalen des *Homo erectus* mit denen des europäischen Neandertalers. Der Schädelfund von Ceprano, Italien, stellt möglicherweise ein Bindeglied zwischen dem afrikanischen *Homo erectus* und dem europäischen *Homo heidelbergensis* dar.

Abb. 15: Chronologie des Pleistozän, der Eiszeiten (EZ: Eiszeit, WZ: Warmzeit) (rechts) sowie der Steinzeit (links). Die geographische Fundstellen-Anordnung verdeutlicht Ausbreitung und Bildung neuer Hominidenarten

Verschlungene Wege zum modernen Menschen

Vor ca. 700 000 Jahren beginnt der vorletzte Evolutionsschritt auf dem Weg zum modernen Menschen (*Homo sapiens*): Der «archaische *Homo sapiens*» entsteht in Afrika, Asien und Europa. In Europa geht aus dem späten archaischen *Homo sapiens* («Homo steinheimensis») der Neandertaler, *Homo neanderthalensis* hervor, während zeitlich parallel in Afrika bereits der moderne *Homo sapiens* entsteht. Neandertaler und moderne Menschen treffen schließlich vor knapp 90 000 Jahren im Gebiet des Nahen Ostens aufeinander. Sie existieren dort fast 50 000 Jahre lang neben- und miteinander. Die aus Afrika stammenden modernen Menschen setzten sich weltweit durch, während die Unterart des europäischen Neandertalers seit ca. 27 000 Jahren nicht mehr anatomisch nachweisbar ist.

Dieser kurze Abriß gibt die in diesem Kapitel dargelegte Vorstellung von der Entstehung der modernen Menschen wieder. Noch vor wenigen Jahren wäre diese Sicht völlig abwegig gewesen, und in vielen Lehrbüchern entsteht der moderne Mensch noch immer in Europa: Wie schon bei der Fundgeschichte der Vormenschen, Urmenschen und Frühmenschen ersichtlich war, liegen aber auch im Fall der modernen Menschen deren Ursprungsgebiet und die Zentren paläoanthropologischer Forschung geographisch weit auseinander; auch bestimmten rassistische Ideologien, die Afrika vielleicht noch als Wiege der Vormenschen, aber keineswegs als Wiege der modernen Menschen gelten lassen konnten, das Bild. Mit zunehmender Verbesserung der Fundlage wird jedoch immer klarer: Die Wiege der Menschheit war Afrika.

Funde und Fundgeschichte des frühen Menschen in Europa

Bereits im 18. Jahrhundert wurde die in der Paläontologie heute noch übliche «aktualistische Methode» (S. 20) der Analyse und des Vergleichs mit rezenten (heute lebenden) Organismen entwickelt. In Deutschland beschäftigten sich mit diesen Themen beispielsweise Johann Wolfgang von Goethe und Johann Heinrich Merck. Durch George Cuvier in Paris wurde Anfang des 19. Jahrhunderts schließlich die Wirbeltierpaläontologie als moderne Wissenschaft begründet. Methodisch als vergleichend-anatomische Naturwissenschaft angelegt, wurde jedoch schnell ein Mangel bei der Erklärung der historischen Dimension deutlich. Das theoretische Konzept hierfür wurde erst ab Mitte des 19. Jahrhunderts entwickelt. Eine sukzessive Veränderung (Mutation) der Organismen im Laufe der Zeit sollte für die Entstehung der Arten wesensbestimmend sein. Charles Darwin lieferte jedoch 1859 als erster eine einleuchtende Erklärung dafür, wie die «Entstehung der Arten durch natürliche Zuchtwahl» (Selektion) erklärt werden kann. Wenn auch die dazu notwendigen Vorgänge auf molekulargenetischer Ebene bis heute noch weitgehend unverstanden sind, zog die dadurch begründete Evolutionstheorie förmlich eine wissenschaftliche Revolution nach sich, mit drastischen und bis heute spürbaren gesellschaftlichen, ideologischen, religiösen und weltanschaulichen Auswirkungen.

Wie allen großen wissenschaftlichen Theorien ging auch der formalen Begründung der Evolutionstheorie eine lange Zeit wissenschaftlicher Arbeiten voraus, bei denen grundlegende Bausteine und interessante Einzelbeobachtungen zusammengetragen wurden. Dazu gehörten beispielsweise die ersten Funde menschlicher Fossilien im Jahre 1830 in Engis, Belgien, wo ebenso wie 1848 im Steinbruch Forbes Quarry in Gibraltar ein fossiler Menschenschädel entdeckt wurde. Erst viel später wurden diese Reste als Neandertaler identifiziert, denn die Zeit war noch nicht reif dafür, eine Abstammung der Menschen aus dem Tierreich anzunehmen. Noch immer galten sie als Produkt eines

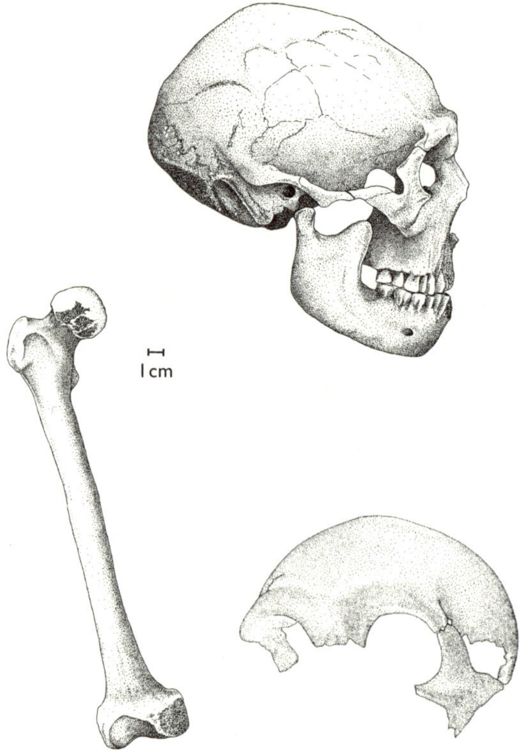

Abb. 16: Neandertaler (*Homo neanderthalensis*).
Oben: Schädel Shanidar I aus Kurdistan (Alter ca. 46 000 Jahre);
unten: Oberschenkel und Schädelfragment aus dem Neandertal bei Hochdahl, Kreis Mettmann, Deutschland (Alter ca. 50 000 Jahre)

isolierten göttlichen Schöpfungsaktes und als seit der Sintflut unverändert. Daher war es selbst für aufgeschlossene Zeitgenossen eine Provokation, als der Wuppertaler Lehrer und Naturforscher Johann Carl Fuhlrott auf der Generalversammlung des Naturhistorischen Vereins der preußischen Rheinlande und Westfalens 1857 – zwei Jahre vor Darwins revolutionärem Werk – vortrug, ein im Jahr zuvor im Neandertal zwischen Düsseldorf und Wuppertal gefundenes Skelett (Abb. 16) sei der Überrest eines frühen Vorfahren des heutigen Menschen, der in der Eiszeit lebte.

Auffällig waren vor allem die starken Augenüberwülste des Schädels samt flacher Stirn und die Dicke der Knochen, die von Steinbrucharbeitern entdeckt und zunächst für Bärenknochen gehalten worden waren. Das Urteil einiger Fachleute war niederschmetternd: Es handle sich um die Gebeine eines verkrüppelten mongolischen Kosaken, der aus der russischen Armee entflohen und im Neandertal Zuflucht gesucht haben soll. Auch der Berliner Anatom Rudolf Virchow untersuchte die ca. 50 000 Jahre alten Skelett- und Schädelreste. Er identifizierte sie als die eines modernen Menschen und attestierte dem Neandertaler in der Jugend Schläge auf den Kopf und Rachitis im Alter. Diese vernichtende Stellungnahme beendete fast 30 Jahre lang die Diskussion. Erst 1886 begann mit den Skelettfunden von Spy, Belgien, die gemeinsam mit Werkzeugen und Tierknochen in ungestörten Schichten entdeckt wurden, der Siegeszug des Neandertalers. Seit 1997 haben Ralf Schmitz (Tübingen) und sein Team an der von ihnen wiederentdeckten ursprünglichen Fundstelle Feldhofer Grotte im Neandertal zahlreiche weitere Skelettreste entdeckt, darunter sogar weitere Teile der ersten Funde von 1856! Besonders eindrucksvoll ist das exakt passende Schläfenbein, das in Abb 16. zusammen mit der Original-Kalotte abgebildet ist. Der Typ des klassischen Neandertalers wurde aus zahlreichen Fundstellen Mittel- und Westeuropas (vor allem Frankreich, Belgien, Deutschland, Italien, Slowakei) sowie aus Osteuropa und dem Nahen Osten (vor allem Israel, Usbekistan und Kurdistan, Abb. 16) bekannt (S. 110: Klassische Neandertaler).

Im Jahr 1899 wurde in der Krapina-Höhle, ca. 55 km nördlich von Zagreb, Kroatien, ein menschlicher Backenzahn gefunden, der nur wenige Tage später eine Großgrabung unter Leitung von Dragutin Gorjanovic-Kramberger auslöste. In wenigen Jahren wurden 874 Hominiden-Fragmente geborgen, die zu mindestens 23 Individuen gehören, darunter 4 Schädel, deren Alter ca. 120 000–90 000 Jahre beträgt. Sie werden als frühe Neandertaler eingestuft, die weniger robust gebaut sind. Hierzu gehören auch bedeutsame Schädel-Funde aus Saccopastore, Italien; sie sind ca. 125 000 Jahre alt. Auch der historische Fund von 1848 aus Gibraltar dürfte dieser Gruppe zuzurechnen sein (S. 110: Frühe Neandertaler).

Mehrere Schädel- und Unterkieferfragmente, die zwischen 1908 und 1925 bei Weimar-Ehringsdorf in Thüringen geborgen wurden konnten inzwischen auf ein Alter von 230 000 Jahren datiert werden. Sie gehören demnach zur Gruppe der *Ante-*Neandertaler für die ein berühmter Fund aus Süddeutschland namengebend wurde. Am 24. Juli 1933 wurde in einer Kiesgrube bei Steinheim an der Murr ein fossiler menschlicher Schädel (Abb. 17) entdeckt, der einen Tag später unter Aufsicht von Fritz Berckhemer von der Württembergischen Naturaliensammlung Stuttgart geborgen wurde. Er nannte den Träger dieses Schädels *Homo steinheimensis*, da er ihm trotz ausgeprägter Überaugenwülste zierlicher erschien als die bis dahin bekannten Neandertaler-Schädel. Dies führte zu dem heute nicht mehr unabdingbaren Schluß, daß der Steinheimer Mensch trotz seines hohen Alters von ca. 250 000 Jahren ein direkter Vorfahre des modernen Menschen *Homo sapiens* sei.

Ähnliche Funde, die eine Mischung von Merkmalen der Neandertaler und denen der modernen Menschen zeigen, kamen seit 1935 in Swanscombe in England zutage und sind ca. 400 000–250 000 Jahre alt. Auch in Petralona, Griechenland, wurde 1960 ein Schädelfragment geborgen, das ca. 300 000–250 000 Jahre alt ist (Abb. 17). In den Travertinen von Vértesszöllös, nordwestlich von Budapest, wurden 1964 und 1965 ein ca. 350 000 Jahre altes Hinterhauptsbein eines Erwachsenen und Zähne eines Kindes gefunden. Kieferfragmente, Wirbelstücke und Zähne sind auch aus dem walisischen Pontnewydd mit einem Alter von 250 000–190 000 Jahren belegt.

Die zwischen 300 000 und 200 000 Jahre alte nordspanische Fundstelle Atapuerca (Sima de los Huesos, die «Knochengrube») bricht alle Rekorde. Anhand von mehr als 2000 Knochenfragmenten, konnte die gesamte Variationsbreite in der Morphologie einer mitteleiszeitlichen Population genauer untersucht

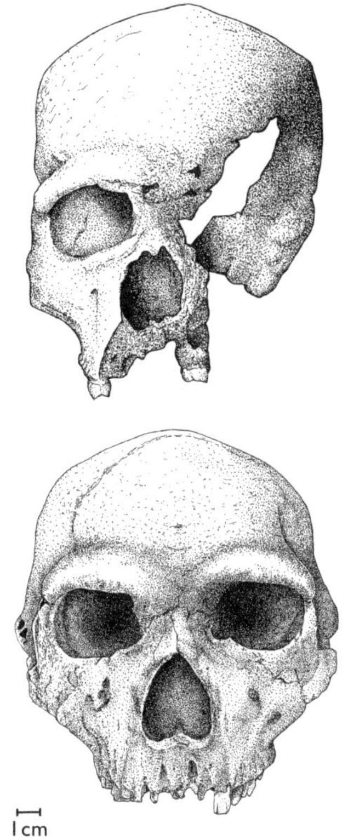

Abb. 17: Ante-Neandertaler *(Homo steinheimensis)*.
Oben: Schädel von Steinheim an der Murr, Deutschland (Alter ca. 250 000 Jahre);
unten: Schädel von Petralona, Griechenland (Alter ca. 200 000 Jahre)

werden. Besonders erwähnenswert sind ein fast vollständiger Schädel eines Erwachsenen, der Hirnschädel eines weiteren Erwachsenen und ein fragmentarischer Hirnschädel eines jugendlichen Individuums. Jeder der drei Schädel verweist in der Hinterhaupt-Morphologie und den Überaugenwülsten auf die Ante-Neandertaler. Der amerikanische Paläoanthropologe Ian Tattersall geht jedoch davon aus, daß die drei 1992 geborgenen Funde eher dem *Homo heidelbergensis* zuzuordnen sind.

Die Lage der wichtigsten Fundstellen der Neandertaler und seiner Vorfahren in Europa und Asien stellt sich folgendermaßen dar:

***Ante*-Neandertaler (*Homo steinheimensis*) in Europa**
(ca. 400 000–180 000 Jahre):
Steinheim (Deutschland) (Abb. 17), Weimar-Ehringsdorf (Deutschland), Swanscombe (England), Petralona (Griechenland), Vértesszöllös (Ungarn), Pontnewydd (Wales), Atapuerca (Sima de los Huesos)

Frühe Neandertaler in Europa
(ca. 180 000–90 000 Jahre):
Krapina (Kroatien), Saccopastore (Italien), Forbes Quarry (Gibraltar), Altamura (Italien), Ochtendung (Deutschland)

Klassische Neandertaler in Europa und im Nahen Osten
(ca. 90 000–27 000 Jahre):
Neandertal (Abb. 16), Salzgitter-Lebenstedt (Deutschland), La Chapelle-aux-Saints, La Ferrasie, La Quina, Le Moustier, St. Césaire, Arcy-sur-Cure (Frankreich), Engis, La Naulette, Spy (Belgien), Monte Circeo, Archi (Italien), Devils Tower (Gibraltar), Zafarraya (Andalusien), Šipka (Slowakei), Sualyuk (Ungarn), Kiik Koba (Ukraine), Vindija (Kroatien), Teshik-Tash (Usbekistan), Tabun, Amud, Kebara (Israel), Shanidar (Kurdistan) (Abb. 16), Dederiyeh (Syrien)

Merkmale und Lebensweise der Neandertaler

Die frühen Menschen Europas im mittleren *Pleistozän* waren die Vorfahren der Neandertaler (*Homo neanderthalensis*). Daran bestehen heute kaum noch Zweifel. Lange Zeit wurde angenommen, daß daneben schon als sogenannte *Praesapiens*-Formen die Vorfahren des modernen Menschen in Europa existierten. Durch neue Funde aus Afrika und deren Datierungen aus Afrika ist es heute sehr wahrscheinlich, daß dort bereits die Entwicklung zum modernen *Homo sapiens* begann (S. 117), als in Europa die Neandertaler entstanden.

Die direkten Vorfahren der Neandertaler, die *Ante*-Neandertaler (*Homo steinheimensis*), die vor ca. 400 000 Jahren zum ersten Mal auftraten, wirken anatomisch wie eine Mischung aus Neandertalern und modernen Menschen. Sie waren groß; der Größenunterschied zwischen Männern und Frauen war deutlicher ausgeprägt als heute. Möglicherweise handelt es sich bei dem Schädel aus Steinheim (Abb. 17) um den einer Frau und bei dem aus Petralona (Abb. 17) um den eines Mannes. Je jünger die Funde werden, desto stärker nehmen die Neandertaler-Merkmale im Bau des Schädels und des Skeletts zu, bis sich auf dem Weg über die frühen Neandertaler vor ca. 90 000 Jahren die klassischen Neandertaler entwickelt hatten.

Die Neandertaler besaßen ein Gehirn, dessen Volumen mit ca. 1600 ccm über dem Durchschnitt des modernen Menschen liegt. Ihr relatives Hirnvolumen (S. 94), bezogen auf ihre hohe Körpermasse, liegt etwas unter dem des modernen Menschen. Der große Gehirnschädel ist typischerweise lang und abgeflacht, das Hinterhauptsbein nach hinten ausgezogen, die Nase nach vorne verlängert. Sowohl die Augenhöhlen als auch die Nase sind relativ groß. Während die Schneidezähne hervorragen, sind die Backenzähne relativ klein.

In der Körpergröße unterschieden sich die Neandertaler deutlich von ihren größeren Vorfahren, denn sie erreichten im Durchschnitt nur etwa 1,60 m Größe. Allerdings war ihr Gewicht mit durchschnittlich 75 kg ca. 30 % höher als bei modernen Menschen gleicher Größe. Die Neandertaler waren stark gebaut und besaßen besonders dickwandige Knochen. Sie belasteten ihre Arme unterschiedlich, zum Beispiel wurde beim Schlagen von Hammersteinen oder beim Speerwerfen ein Arm bevorzugt. Bei modernen Menschen sind solche anatomischen Unterschiede dagegen sehr gering. Durch genetische Untersuchungen an Neandertalerknochen gelang der Nachweis, daß die DNS der Neandertaler von der moderner Menschen so unterschiedlich war, daß der letzte gemeinsame Vorfahre vor etwa 800 000 Jahren gelebt haben muß.

Leben in der Eiszeit

Die geringe Körpergröße der Neandertaler gibt einen Hinweis darauf, daß sie in kälteren Klimabereichen lebten als zum Beispiel ihre hochgewachsenen *Homo-erectus*-Vorläufer in Afrika (Abb. 14). Durch die Verkleinerung der Körperoberfläche im Verhältnis zum Körpervolumen geht weniger Körperwärme verloren. Ähnliche Verhältnisse finden sich beim modernen Menschen, zum Beispiel bei den in der Kälte lebenden grönländischen Inuit. Die ersten Neandertaler-Funde stammen aus einer relativ warmen Zwischeneiszeit, in der Ulmen- und Eichenwälder vorherrschten und die Tierwelt durch wärmeliebende Formen wie Waldelefant oder Flußpferd geprägt war. Den Höhepunkt ihrer Entwicklung erreichten die Neandertaler jedoch unter Kaltzeitbedingungen. In den Kaltphasen der Eiszeiten war die Flora zum größten Teil durch eine Tundren- und Steppenvegetation geprägt, die Fauna durch kälteresistente Tiere, wie zum Beispiel Mammut und Wollnashorn, gekennzeichnet. Die Durchschnittstemperatur lag ca. 6 Grad unter der heutigen.

Das Leben der Neandertaler der letzten Eiszeit war hart. Die meisten der gefundenen Skelette weisen Verletzungen auf. Die Lebenserwartung lag bei höchstens 40 Jahren, und es herrschte eine sehr hohe Kindersterblichkeit. Im Zahnschmelz der Neandertaler finden sich Anzeichen für Unterernährung. In Shanidar, Kurdistan (Abb. 16), wurde das Skelett eines Mannes gefunden, der besonders schwer unter Krankheiten und Verletzungen zu leiden hatte: Auf einem Auge war er durch eine massive Kopfverletzung erblindet, ihm fehlte eine Hand, ein Arm war verkrüppelt, sein linkes Bein war mehrmals gebrochen und wieder verheilt, die Knochensubstanz war verändert. Die Tatsache, daß er trotz dieser schweren Behinderungen lange Zeit überlebte, scheint darauf hinzudeuten, daß ihm von Mitgliedern der Gruppe aktive Hilfe und Fürsorge zuteil wurde. So darf vielleicht bei den Neandertalern ein hohes Maß an Mitgefühl und Verantwortungsbewußtsein angenommen werden.

Die Neandertaler der Eiszeit lebten als Jäger und Sammler. Das Mammut spielte eine wichtige Rolle als Rohstoff- und

Fleischlieferant. Die Neandertaler verstanden es, Tiere optimal zu verwerten. Da im subarktischen Klima die Auswahl und Verfügbarkeit an pflanzlicher Nahrung begrenzt waren, war Fleisch das wichtigste Grundnahrungsmittel. Die Knochen wurden aufgeschlagen, um an das Mark und an energiereiche Nährstoffe zu gelangen. Das Elfenbein der Mammutstoßzähne bildete den Rohstoff für Waffen, Geräte und Schmuck. Da in der Steppenlandschaft das Holz knapp war, wurden Mammutknochen als Brennmaterial verheizt. Wo Mammute in großer Zahl gejagt wurden, dienten ihre Stoßzähne, die Langknochen und sogar die Schädel als Baumaterial für Hütten aus Mammutknochen.

Den Neandertalern wird eine Steinwerkzeug-Kultur zugeschrieben, die eine sehr viel größere Vielfalt an Formen hervorbrachte und vielseitigere Verwendungsmöglichkeiten bot (Moustérien-Kultur) als die alte Acheuléen-Kultur der Frühmenschen. So finden sich zusätzlich zu Faustkeilen nun Schaber, die zum Schneiden geeignet sind, Klingen, Spitzen oder einseitige Messer.

Erste Bestattungen

Die Neandertaler bestatteten ihre Toten. Zum ersten Mal in der langen Geschichte der Menschheitsentwicklung nahm man sich der Verstorbenen an. Da Grabfunde meist einen sehr guten Erhaltungszustand aufweisen, sind bei den Neandertalern im Gegensatz zu früheren Hominiden Verhaltens- und Funktionszusammenhänge in sehr viel komplexerer Weise erforschbar. Daher nimmt die paläoanthropologische Kenntnis mit Erreichen der Neandertaler-Stufe sprunghaft zu.

Oft sind die Toten in Kauerstellungen begraben, manchmal finden sich Farben und Ausrüstung oder sogar Proviant für ein Weiterleben nach dem Tod. Eine Art Familienbestattung wurde aus La Ferrasie, Frankreich, bekannt: Eine Frau, ein Mann, ein drei- und ein zehnjähriges Kind sowie das Skelett eines Neugeborenen und eines 6 Monate alten Fötus sind hier vereint. Die Kinder waren mit Ocker bestreut unter kleinen Grabhügeln begraben, andere Gräber waren in Vertiefungen des Felsbodens eingelassen und mit einem Felsblock abgedeckt. Möglicherweise deuten die Bestattungen auch den Beginn religiösen Verhaltens an, und es ist nicht völlig auszuschließen, daß die Neandertaler an ein Leben nach dem Tode glaubten.

Das Schicksal der Neandertaler

Die Neandertaler kamen mit den Lebensbedingungen der Eiszeit gut zurecht. Sie jagten Mammute, Wollnashörner, Rehe, Wildpferde, Moschusochsen oder Saigaantilopen, sie verteidigten sich gegen Beutegreifer wie Löwen, Höhlenbären oder Höhlenhyänen, sie schützten sich vor Kälte und lebten in Freilandbehausungen oder vor Höhlen, sie beherrschten das Feuer meisterhaft, sie konnten die gesamte Bandbreite an Lauten erzeugen, die wir vom modernen Menschen kennen – hatten also mit Sicherheit eine gut entwickelte Sprache –, sie waren fähig, Gedanken, Erfahrungen und Ratschläge an Gruppenmitglieder der eigenen und der nächsten Generation weiterzugeben, sie sorgten für Alte und Gebrechliche, sie organisierten ihre Gesellschaft. Um so überraschender ist es, daß sich trotzdem keine Überreste finden lassen, die jünger sind als ca. 27 000 Jahre und typische Neandertaler-Merkmale aufweisen – offensichtlich sind die Neandertaler trotz ihrer entwickelten Kultur ausgestorben. Sie wurden abgelöst durch den modernen Menschen, der 200 000 Jahre zuvor in Afrika entstanden war. Sehr wahrscheinlich wurden jedoch die Neandertaler nicht gewaltsam verdrängt oder gar ausgerottet. Erst nach und nach gewann der moderne Mensch die Oberhand.

Der moderne Mensch *(Homo sapiens)* in Afrika und Europa

Beim Bau der Eisenbahnstrecke von Périgueux nach Agen wurden 1868, als erster weiterer fossiler Beleg für den frühen Menschen 12 Jahre nach dem Fund im Neandertal (S. 106), im Abri von Cro-Magnon (Dordogne, Südfrankreich) fünf Skelette freigelegt. Sowohl die Anatomie des Skelettes als auch besonders die Form des Schädels (Abb. 18) unterschieden sich jedoch deutlich vom Neandertaler. Sie gehören zum anatomisch modernen Menschen und sind ca. 25 000 Jahre alt. Noch im 19. Jahrhundert begann sich mit der Fundstelle Cro-Magnon die Vorstellung vom Ursprung des ersten modernen Menschen zu verbinden, für den daher der Name Cro-Magnon-Mensch gebräuchlich wurde. Reste der anatomisch modernen Menschen wurden zunächst in Europa (zum Beispiel 1873 bei Grimaldi in Italien, 1885 bei Brünn, Tschechei, 1888 bei Chancelade und 1909 bei Combe-Capelle in Frankreich und 1914 in Oberkassel bei Bonn) und seither auf allen Kontinenten gefunden.

Entscheidend für die Interpretation der Entstehung der modernen Menschen ist das Alter der Funde in Afrika. Bereits 1921 wurde in Kabwe (Broken Hill) (Abb. 1) in Sambia ein archaischer *Homo sapiens*-Schädel mit einem Alter von ca. 150 000 Jahren gefunden. Hominiden-Fragmente mit einem Alter von mehr als 200 000 Jahren wurden 1936 durch eine deutsche Expedition unter Leitung von Ludwig Kohl-Larsen am Lake Eyasi, südlich von Laetoli (Abb. 1), geborgen. 1953 wurde ein Schädel- und Unterkieferfragment aus Saldanha, Südafrika (Abb. 1), beschrieben, das sowohl *Homo erectus*- als auch *Homo sapiens*-Merkmale aufweist und ca. 400 000 Jahre alt ist. Nach weiteren sehr alten *Homo sapiens*-Funden in Afrika, zum Beispiel am Lake Ndutu (Abb. 1) westlich von Olduvai Gorge oder des 1976 gefundenen Teilschädels von Bodo, Äthiopien (Abb. 1), änderte sich die Interpretation der Entstehung des modernen Menschen drastisch. Nun wurde klar, daß die ältesten Funde des *Homo sapiens* nicht aus Europa stammten, sondern aus Afrika.

Ältester bislang gefundener Repräsentant aus unserer modernen Urfamilie ist der auf ein Alter von 160 000 Jahren geschätzte Mann aus Herto, dessen Schädel zusammen mit zwei weiteren modernen Menschen im Afar Dreieck Äthiopiens gefunden wurde. Funde bei Klasies River Mouth und Border Cave, Südafrika (Abb. 1) weisen ein Alter von 100 000 und 150 000 Jahren auf. Ein anderes Skelett des modernen Menschen, das auf 130 000 Jahre vor heute datiert wurde, stammt aus der Kibish-Formation im Omo-Tal Südäthiopiens.

Bereits in den 80er Jahren des letzten Jahrhunderts wurden von Chris Stringer, London, und Günter Bräuer, Hamburg, ein einheitliches Entwicklungsmodell des *Homo sapiens* entwickelt. Danach sind in Afrika aufgrund der Schädelmerkmale drei Entwicklungsstufen voneinander zu unterscheiden:

Früher archaischer *Homo sapiens*
(ca. 500 000–200 000 Jahre):
Kabwe (Sambia), Saldanha (Südafrika), Ndutu, Eyasi (Tansania), Bodo (Äthiopien), Salé (Marokko)

Später archaischer *Homo sapiens*
(ca. 200 000–160 000 Jahre):
Florisbad (Südafrika), Eliye Springs (West Turkana, Kenia), Laetoli (Tansania), Jebel Irhoud (Marokko)

Moderner *Homo sapiens*
(seit etwa 160 000 Jahren):
Border Cave, Klasies River Mouth (Südafrika), Herto, Omo/Kibish (Äthiopien)

Es ist davon auszugehen, daß der moderne *Homo sapiens* in Afrika entstanden ist. Von hier aus breitete er sich sowohl über die arabische Halbinsel als auch über den Nahen Osten in der ganzen Welt aus. In Asien sind die frühesten modernen Menschen (Borneo, China) ca. 40 000 Jahre alt. Vor mindestens 30 000 Jahren lebte *Homo sapiens* in Australien, eine sehr viel frühere Besiedlung (vor 70 000 Jahren) wird vermutet. Über die Beringstraße gelangte der moderne Mensch wahrscheinlich schon vor 30 000 Jahren auch auf den amerikanischen Kontinent.

Ein multiregionaler Ursprung der modernen Menschen scheint unwahrscheinlich, wie molekulargenetische Daten vor allem aus DNS-Sequenzen von Mitochondrien (mtDNA) moderner Menschen zeigen. Mitochondriale DNA wird ausschließlich mütterlicherseits vererbt, denn eine weibliche Eizelle ist eine vollständige Zelle, die neben dem Zellkern auch Mitochondrien enthält, während der männliche Samen nur einen einfachen Zellkern aufweist. Daher spiegelt die genetische Variation von

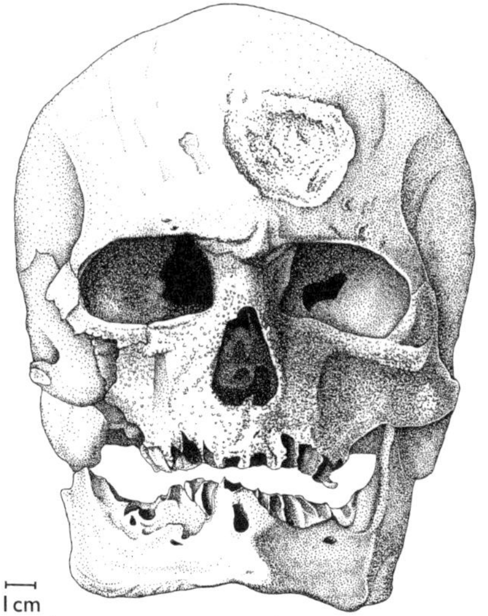

Abb. 18: Europäischer moderner *Homo sapiens.*
Schädel Cro-Magnon I aus Les Eyzies, Dordogne, Frankreich
(Alter ca. 25 000 Jahre)

mtDNA die Geschichte der Frauen wider und gibt Aufschluß über die «molekulare Eva», also die Frau, auf welche alle heute existierenden mtDNA-Varianten zurückgehen, wenn man den Mutationsprozeß zurückverfolgt. Es zeigte sich, daß sie in Afrika gelebt haben muß, da in Stammbäumen, die aus den mtDNA-Sequenzen erstellt wurden, afrikanische Varianten am nächsten zur Wurzel zu finden sind. Sequenz-Varianten, die außerhalb Afrikas vorkommen, finden sich auch in Afrikanerinnen, während dies umgekehrt nicht der Fall ist. Eine Region im Genom, die sich als Gegenstück zur mtDNA anbietet, ist das Y-Chromosom. Da es ausschließlich vom Vater an die Söhne weitervererbt wird, spiegelt es die Geschichte der Männer wider. Auch die ältesten Linien von Y-Chromosomen basieren auf einem afrikanischen Ursprung. Somit geht auch die Geschichte heute lebender, «moderner» Männer auf afrikanische Vorfahren zurück.

Koexistenz von Neandertalern und modernen Menschen

Reste der modernen Menschen fand man 1931 in Skhul, einer Höhle bei Haifa, kurz darauf am Djebel Kafzeh bei Nazareth. In unmittelbarer Nachbarschaft von Skhul in der Höhle von Tabun und in Kebara wurden jedoch Neandertaler ergraben. Absolute Datierungen ergaben, daß die Besiedlungen durch die verschiedenen Hominidengruppen etwa gleichzeitig stattfanden. Hieraus lassen sich weitgehende Schlußfolgerungen ziehen: Die modernen Menschen stießen vor ungefähr 100 000 Jahren aus Afrika in das Gebiet des Nahen Osten vor. Auf dem Höhepunkt ihrer Entwicklung erreichten einige Zeit später auch die Neandertaler von Norden her denselben Lebensraum. Keineswegs führte dies zu einem Kampf auf Leben und Tod. Im Gegenteil, fast 50 000 Jahre lang besiedelten Neandertaler und moderne Menschen gemeinsam dasselbe Gebiet. Auch nach dem weiteren Vordringen des modernen Menschen in Europa dürften diese einige tausend Jahre neben den Neandertalern gelebt haben. Es ist durchaus vorstellbar, daß die Neandertaler von den modernen Menschen lernten. Hinweise dafür ergeben sich beispielsweise aus der Vermischung der Moustérien- und der für den modernen Menschen typischen, komplizierteren Aurignacién-Werkzeugkultur an der Neandertaler-Fundstelle von Saint Césare in Frankreich. Im Jahr 1999 wurde in Lagar Velho, Portugal, das Skelett eines vierjährigen Jungen freigelegt. Die Interpretation des 24 500 Jahre alten Grabfundes als anatomische Mischform von Neandertalern und modernen Menschen ist jedoch unwahrscheinlich.

Nicht nur in der Werkzeug-Technik waren die modernen, aus Afrika eingewanderten Menschen den Neandertalern überlegen. Sie konnten vor allem die Ressourcen der Umwelt besser nutzen, ihre Form der sozialen Organisation war höher, sie entwickelten tradierte Sitten und Gebräuche, ihr Skelett- und Muskelbau war weniger energieaufwendig, die Kindersterblichkeit war niedriger, insgesamt lebten sie weniger gefahrvoll, erreichten ein höheres Alter und waren fruchtbarer. Die modernen Menschen vermehrten sich daher sehr viel stärker als die Neandertaler, die in ungünstigere Lebensräume abgedrängt wurden oder sich dorthin zurückzogen. Diesem zunehmenden Druck waren die Neandertaler auf Dauer nicht gewachsen, sie starben schließlich langsam aus. Möglicherweise fanden auch lokale Vermischungen statt, wobei sich die anatomischen Merkmale des erfolgreicheren modernen Menschen durchsetzten, der sich schließlich weiter ausbreitete. Hierbei wurden erst vor wenigen 10 000 Jahren, als die Menschen in nördlichere Gebiete mit geringerer Sonneneinstrahlung einwanderten, die dunklen Pigmente in der Haut des in Afrika entstandenen Menschen reduziert, die bis dahin den Schutz gegen hohe UV-Strahlung gewährleisteten.

Der urgeschichtliche *Homo sapiens*

Auch für die modernen Menschen, die vor ca. 40 000 Jahren bis nach Mitteleuropa vorgedrungen waren, war zunächst das Klima der letzten Eiszeit ein ernstzunehmender Faktor. Sie lebten nicht in Höhlen, die jedoch als Kultstätten dienten, sondern siedelten in deren Eingangsbereichen. Verbreitet waren auch Zeltbauten, die aus Tierfellen, gestützt von Pfählen, hergestellt wurden. Nur eine wetterfeste und wärmende Kleidung garantierte das Überleben. Felle von Mammuten wurden sowohl für die Kleidung als auch für die Bedachung von Zeltbehausungen benutzt. Mit Steinschabern reinigte man das abgezogene Fell und gerbte es anschließend. Mit Pfriemen aus Knochenspänen wurden Löcher vorgestochen, um Lederstreifen oder Fäden aus Tiersehnen durchzuziehen. So ließen sich einfache, aber zweckmäßige Hosen und Jacken anfertigen.

In zunehmend rascherer Folge wurde die Werkzeug-Technik stark verändert, so daß verschiedene zeitlich aufeinanderfolgende Typen unterschieden werden können. Das Aurignacién bis vor 28 000 Jahren brachte neben Messern, Schabern und Grabstichel aus Feuersteinen auch Speere, Pfeil und Bogen, Werkzeuge und Waffen aus Holz und Rentiergeweihen hervor. Im Gravettién (28 000–22 000 Jahre) wurden lange Feuerstein-Speerspitzen an hölzernen Schäften befestigt, im Solutréen (22 000–18 000 Jahre) fand die Technik der Feuerstein-Bearbei-

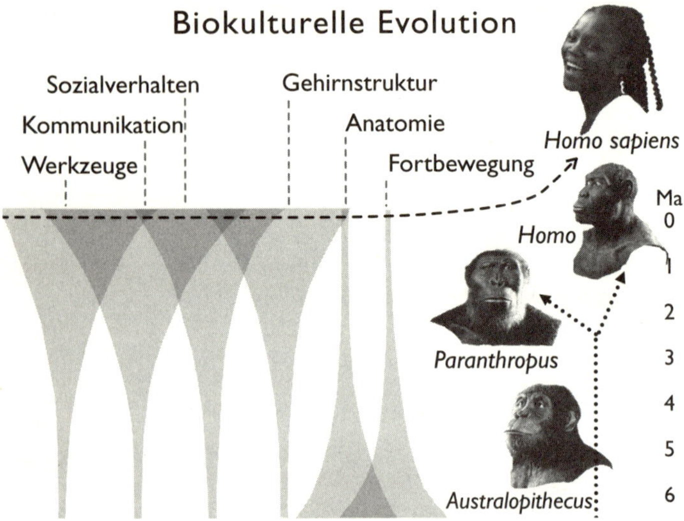

Abb. 19: Wichtige Evolutionsmerkmale des Menschen. Die Breite der Pfeiler entspricht dem Ausmaß der Veränderungen der Merkmale während der letzten 5 Millionen Jahre.

tung schließlich ihren Höhepunkt. Die Erfindung der Knochennadel mit einer Öse für dünne Fäden war so erfolgreich wie kein anderes Werkzeug aus dieser Zeit: Es blieb die folgenden 20 000 Jahre praktisch unverändert. Aus dem Magdalénien (18 000–11 800 Jahre) stammen nicht nur Speerschleudern von großer Treffsicherheit und Reichweite, sondern auch Kunstobjekte von höchster Eleganz. Erst vor wenigen tausend Jahren werden die seit 2,5 Millionen Jahren unübertroffenen Steinwerkzeuge verdrängt: Die Erfindung der Metallbearbeitung führt zu neuen technischen Revolutionen.

Mit den kulturell modernen Menschen entstand die Kunst. Gab es auch bei *Homo erectus* schon kunstvoll gearbeitete Steinwerkzeuge, so gewinnt der künstlerische Ausdruck bei *Homo sapiens* seit ca. 35 000 Jahren eine Qualität, die zuvor nicht zu beobachten ist. Möglicherweise gehen symbolhafte Kunst und symbolhafte Sprache auf denselben Ursprung zurück. Die älte-

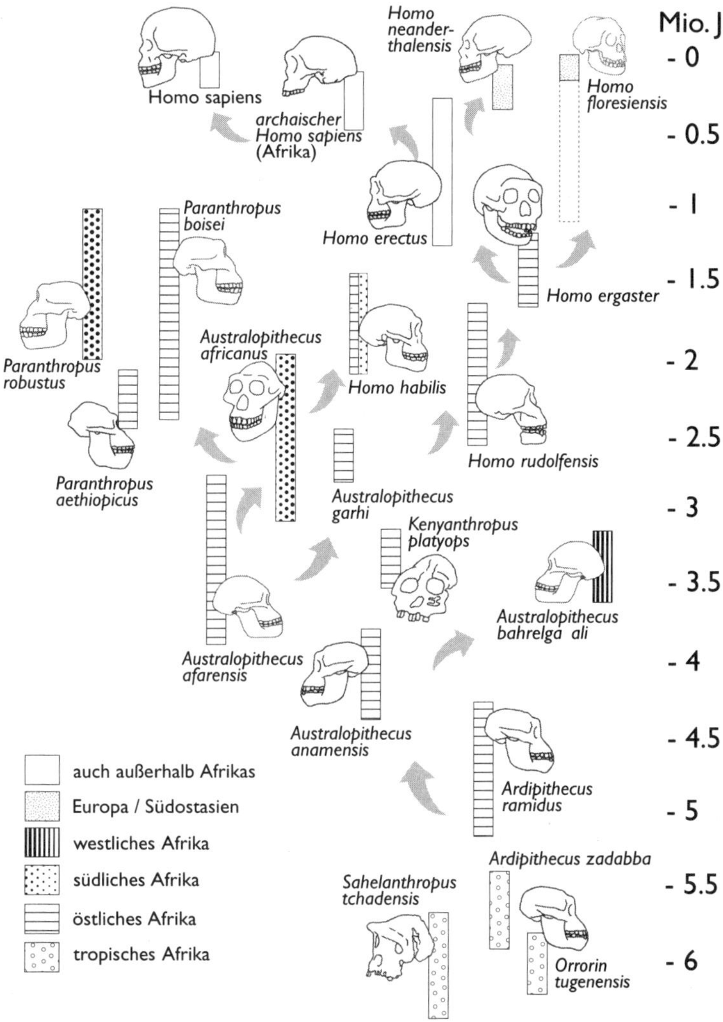

Abb. 20: Stammbaum-Hypothese zur Evolution des Menschen unter Berücksichtigung klima- und biogeographischer Überlegungen aufgrund der gegenwärtigen Fundlage

ste bekannte Ansammlung von Kleinkunstwerken einheitlichen Stils stammt aus den Höhlen Vogelherd und Geißenklösterle auf der Schwäbischen Alb. Ebenso alt, ca. 35 000 Jahre, sind Höhlenmalereien aus Chauvet in Frankreich. Tierdarstellungen in der Kunst der frühen modernen Menschen zeigen, daß diese hervorragende Naturbeobachter waren. Vor der Kunst enstand bereits die Liebe zum Schmuck. Aus allen Kulturen der jüngeren Steinzeit sind perforierte Muschelschalen bekannt, die wahrscheinlich als Schmuckanhänger benutzt wurden. Sie wurden durch Herumreisende ins Landesinnere transportiert, genauso wie später neue Ideen, Mythen, Kunst und Musik. Die zunehmende Mobilität des modernen Menschen förderte nicht nur die weite Verbreitung seiner Kultur, sondern auch ihre Einheitlichkeit.

Der Weg zum *Homo sapiens* ist geprägt durch ein vielfältiges Beziehungsgeflecht vernetzter Faktoren. Die in den Jahrmillionen der Frühzeit des Menschen erfolgten Veränderungen unterlagen im Verlauf der biologischen und kulturellen Evolution verschiedenen, sich gegenseitig bedingenden und rückkoppelnden Faktoren. Daher ist eine scharfe Abgrenzung des Menschen gegenüber dem Tierreich genausowenig möglich wie eine präzise Antwort auf die Frage, ab wann die Primaten als Menschen bezeichnet werden können.

Wie in den verschiedenen Kapiteln dieses Buches dargestellt, verläuft die Entwicklung der Menschheit weder zielgerichtet noch zeitlich in allen Merkmalen synchronisiert. Fast alle Evolutionsmerkmale des Menschen, wie Werkzeugkultur, Kommunikation, Sozialverhalten, Gehirnstruktur und Körperbau sind in irgendeiner Form schon bei unseren Primaten-Vorgängern angelegt (Abb. 19). Während die Faktoren der biologischen Evolution langsam an Bedeutung abnehmen, steigt die Zahl der Entwicklungsfortschritte bei der kulturellen Evolution stetig an (Abb. 19). Vor wenigen hunderttausend Jahren beginnt sich ein Synergie-Effekt unterschiedlicher Faktoren biologischer und kultureller Evolution auszuwirken. Mit gleichzeitiger Erhöhung der sozialen Organisation wird eine neue Qualität des Lebens im Tierreich erreicht. Jetzt entsteht, was oft als Charakteristikum des Menschen angesehen wird: menschliche Kognition und Bewußtsein.

Danksagung

Dank gebührt meinen afrikanischen Freunden, die in langen Jahren der Zusammenarbeit ihr einzigartiges kulturelles Erbe und ihr Leben mit mir teilten. Yusuf Juwayeyi, Samson Kanyika, James Kitching, Meave Leakey, Judy Maguire, Chimwemwe Mkamanga, Charles Saanane, Harrison Simfukwe und Phillip Tobias stehen für alle, die ihre Heimat zu meiner machten. Mit meinem Freund und Kollegen Tim Bromage, New York, verbindet mich ein ebenso langer Zeitraum erfolgreicher Suche nach den Wurzeln der Menschheit in Malawi und Tansania. Für jahrelanges Erdulden von Hitze, Staub und Moskitos danke ich dem Team des *Hominid Corridor Research Project* (HCRP) und vor allem meinen Kollegen Ottmar Kullmer, Oliver Sandrock und Rainer Abel, ihnen gelang nicht nur die Vervollständigung des Hominiden-Unterkiefers UR 501, sondern auch der Fund des Oberkieferfragmentes RC 911. Ohne die Förderung durch die *National Geographic Society*, Washington, hätten Projekte nicht entwikkelt, ohne die Finanzierung durch die *Deutsche Forschungsgemeinschaft*, Bonn, nicht durchgeführt werden können. Dank der finanziellen Unterstützung der EU, der GTZ (*Gesellschaft für Technische Zusammenarbeit*), der *Senckenbergischen Naturforschenden Gesellschaft* und der *Uraha Foundation Germany* tragen unsere Forschungsergebnisse zur Vermittlung eines neuen Geschichtsverständnisses in Afrika selbst bei.Die Zeichnungen in diesem Band verdanke ich Claudia Schnubel (Abb. 3–5, 8, 9, 12–14, 16–18) und Christine Hemm (Abb. 2, 7, 11). Die Hominiden-Rekonstruktionen in Abb. 10 und 19 stammen von WildLifeArt Nina Kieser & Wolfgang Schnaubelt und wurden fotografiert von Thomas Ernsting. Zum Gelingen dieses Bändchens haben ebenso beigetragen: Melanie Bäuchle, Birgit Denkel-Oswalt, Karen Hahn-Hadjali, Stefan von der Lahr und Stephanie Müller. Allen sei herzlich gedankt.

Hinweise auf weiterführende Literatur

Übersichtswerke

Campbell, B. G. 1988. Humankind emerging Boston, MA. Little, Brown and Company, Ed. 5. (Anschauliche Darstellung der Evolution des Menschen)

Foley, R. 2000. Menschen vor Homo sapiens. Wie und Warum unsere Art sich durchsetzte. Stuttgart, Jan Thorbecke Verlag.

Henke, W. & Rothe, H. 2000. Stammesgeschichte des Menschen. Eine Einführung. Berlin, Heidelberg, Springer Verlag.

Henke, W. & Rothe, H. 2003. Menschwerdung. Frankfurt, S. Fischer Verlag.

Donald C. Johanson, D. C., Edgar, B. & Brill, B. 2006. Lucy und ihre Kinder. Heidelberg, Spektrum Akademischer Verlag.

Junker, T. 2006. Die Evolution des Menschen. München, Verlag C. H. Beck.

Klein, R. G. 1989. The human career: human biological and cultural origins. Chicago, University of Chicago Press.

Leakey, R. E. 1994. The origin of humankind. New York, Basic Books.

Leakey, R. E. 1999. Die ersten Spuren. Über den Ursprung des Menschen, München, Goldmann.

Lewin, R. 1987. Bones of contention: controversies in the search for human origins. New York, Simon and Schuster.

Niemitz, C. 2004: Das Geheimnis des aufrechten Gangs. Unsere Evolution verlief anders. München, Verlag C. H. Beck.

Schrenk, F. & Bromage, T. G. 2000. Adams Eltern – Expeditionen in die Welt der Frühmenschen. München, C. H. Beck.

Schrenk, F. & Müller, S. 2006. Die 101 wichtigsten Fragen: Urzeit. Beck'sche Reihe 1725, München, C. H. Beck.

Streit, B. (Hrsg.) 1995. Evolution des Menschen. Heidelberg, Spektrum Akademischer Verlag. (Gute Zusammenstellung von Beiträgen aus Spektrum der Wissenschaft)

Stringer, C. & McKie, R. 2002. Afrika, Wiege der Menschheit, Heyne.

Tattersall, I. 1995. The fossil trail: how we know what we think we know about human evolution. Oxford, NY, Oxford University Press. (Geschichte und Erfolge der Paläoanthropologie) Deutsche Ausgabe: Puzzle Menschwerdung. Heidelberg, Spektrum Akademischer Verlag.

Australopithecus

Coppens, Y. 1994. Geotektonik. Klima und der Ursprung des Menschen. – Spektrum der Wissenschaft, Dezember 1994: 64–71.

Dart, R. A. 1925. Australopithecus africanus: the man-ape of South Africa. – Nature 115: 195–199. (Entdeckung des *Taung-Babys*)

Johanson, D. C. & Edey, M. A. 1981. Lucy: the beginnings of humankind. New York, Simon and Schuster. (Entdeckung und Interpretation von *Australopithecus afarensis*) Deutsche Ausgabe: Lucy. Die Anfänge der Menschheit. München Zürich, Piper-Verlag, [2]1994.

Leakey, L. S. B. 1959. A new fossil skull from Olduvai. Nature 184: 491–493. (Entdeckung des *Zinjanthropus boisei*)

Leakey, M. D. & Hay, R. L. 1979. Pliocene footprints in the Laetoli Beds, northern Tanzania. – Nature 278: 317–323. (Entdeckung der Fußabdrücke von Laetoli)

Ursprung der Gattung *Homo*

Johanson, D. & Shreeve, J. 1989. Lucys Kind. München, Zürich. [Originaltitel: Lucy's Child. New York (William Morrow)]. (Entdeckung von OH 62)

Leakey, L. S. B., Tobias, P. V. & Napier J. R. 1964. A new species of the genus Homo from Olduvai gorge. – Nature 202: 7–10. (Erste Beschreibung von *Homo habilis*)

Wood, B. A. 1992. Origin and evolution of the genus *Homo*. – Nature 355: 783–790. (Übersichtsartikel zu *Homo habilis/Homo rudolfensis*)

Homo erectus

Dubois, E. 1894. Pithecanthropus erectus. Eine menschliche Uebergangsform aus Java. – 40 S. Batavia (Landesdruckerei). (Entdeckung des *Pithecanthropus* von Java)

Jia, L. & Huang, W. 1990. The story of Peking man. Beijing, Foreign Languages Press.

Leakey R. E. & Walker A. C. 1985. *Homo erectus* unearthed. – National Geographic 168(5): 624–629. (Entdeckung des *Turkana Boys*)

Neandertaler und Homo sapiens

Cavalli-Sforza, L. L. 1992. Stammbäume von Völkern und Sprachen. – Spektrum der Wissenschaft, Januar 1992.

Müller-Beck, H. 2004. Die Steinzeit. Der Weg der Menschen in die Geschichte. München, C. H. Beck.

Müller-Beck, H. 2005. Die Eiszeiten. Naturgeschichte und Menschheitsgeschichte, München, C. H. Beck.

Schmitz, R. W. & Thissen, J. 2002. Neandertal. Die Geschichte geht weiter. Heidelberg, Spektrum Akademischer Verlag.

Schrenk, F. & Müller, S. 2006. Die Neandertaler. Beck'sche Reihe 2373, München. C. H. Beck.

Stringer, C. B. 1991. Die Herkunft des anatomisch modernen Menschen. – Spektrum der Wissenschaft, Februar 1991.

Trinkaus, E. (Hrsg.) 1989. The Emergence of Modern Humans. Cambridge, Cambridge University Press.

Trinkaus, E. & Shipman, P. 1993. Die Neandertaler – Spiegel der Menschheit. München, Bertelsmann. [Originaltitel: The Neandertals – changing the image of mankind. (Alfred Knopf) 1993].

Wilson, A. C. & Cann, R. L. 1992. Afrikanischer Ursprung des modernen Menschen. – Spektrum der Wissenschaft, Juni 1992.

Register